U0589320

以一日生活课程促进幼儿良好习惯养成的研究

黄丽红◎主编

中国出版集团 现代出版社

图书在版编目(CIP)数据

以一日生活课程促进幼儿良好习惯养成的研究 / 黄丽红主编. — 北京：现代出版社，2021.3

ISBN 978-7-5143-9123-7

Ⅰ.①以… Ⅱ.①黄… Ⅲ.①幼儿—习惯性—能力培养—研究 Ⅳ.①B844.12

中国版本图书馆CIP数据核字（2021）第053383号

以一日生活课程促进幼儿良好习惯养成的研究

作　　者	黄丽红	
责任编辑	张桂玲	
出版发行	现代出版社	
地　　址	北京市安定门外安华里504号	
邮政编码	100011	
电　　话	010-64267325　64245264	
网　　址	www.1980xd.com	
电子邮箱	xiandai@cnpitc.com.cn	
印　　制	北京政采印刷服务有限公司	
开　　本	710mm×1000mm　1/16	
印　　张	10.75	
字　　数	163千	
版　　次	2022年4月第1版　　2022年4月第1次印刷	
书　　号	ISBN 978-7-5143-9123-7	
定　　价	45.00元	

编 委 会

上 篇　研而有声

中 篇　成长记录

下 篇　活动分享

上篇

研而有声

大班幼儿良好行为习惯养成路径分析与研究

广州市白云区江高镇中心幼儿园　黄丽红

著名教育学家叶圣陶说过，教育就是培养习惯。好的习惯能让人受益终身，正所谓"授人以鱼，不如授人以渔"。幼儿阶段是孩子身心发展的关键时期，在这期间，孩子们的大脑结构机能发展都非常旺盛，幼儿阶段孩子的可塑性非常大。在这一时期，让孩子养成良好的学习习惯，对孩子未来的成长非常重要。本文针对大班幼儿良好学习习惯养成的路径进行分析，希望能帮助孩子养成良好的学习习惯，让孩子更好地适应未来社会的需要。

一、什么是习惯

英国大哲学家培根说过："习惯真是一种顽强而巨大的力量，它可以主宰人的一生。"因此，人从幼年起就应该通过教育培养良好的习惯。美国行为主义心理学的创始人华生认为：教育的目的就是培养幼儿的各种习惯。人的各种习惯综合成系统就形成了人格。

习惯是经过长期重复的动作逐渐培养的。在一定程度上可以说行为是习惯培养的基础，而习惯则是个体性格和品行的体现。

二、培养大班幼儿建立良好行为习惯的意义

（一）良好行为习惯关系到幼儿未来的成就

对于幼儿而言，启蒙时期正是培养习惯的重要阶段，在这一时期所习得的

行为和举止，都将对幼儿的成长产生重要的影响和作用。良好的学习习惯和生活习惯将会让一个幼儿受益终身。良好的行为习惯是一个人健康人生的重要基础，是其走向成功的必备品质。一个人的智力固然与其未来可能获得的成就有莫大的联系，但其性格、意志、习惯等非智力因素对其未来成就的高低发挥着决定性作用。而行为习惯对性格的养成、意志的锻炼都具有直接影响。因此，良好的行为习惯直接关系到幼儿的未来成就。幼儿教育的基本目标是将幼儿培养成符合社会需求的人才，而人才的首要标准就是具有优秀的行为习惯，保证其在学习生活中能够树立正确的人生价值观，具有明确的奋斗目标与强烈的社会责任感，从而以坚强的意志品质和自主自律的精神能力获得成功。

（二）幼儿时期是培养良好行为习惯的关键期

《3～6岁儿童学习与发展指南》中明确指出："幼儿在活动过程中表现出的积极态度和良好行为倾向是终身学习与发展所必需的宝贵品质。要充分尊重和保护幼儿的好奇心和学习兴趣，帮助幼儿逐步养成积极主动、认真专注、不怕困难、敢于探究和尝试、乐于想象和创造等良好学习品质。"幼儿时期是一个人自主发展的初始阶段，是幼儿形成良好行为习惯的黄金时期，幼儿具有非常高的可塑性与模仿性，独立活动的能力不断增强，对世界探索求知的欲望不断增加，对各种技能及行为的学习力非常强。幼儿在学习生活中会不自觉地重复练习、积累各种不同的行为习惯。然而，由于其并没有足够的知识经验辨别是非，生活自理与行为自控能力都比较差，如果不给予正确的引导，稍不注意就会导致幼儿养成不良的行为习惯。一旦不良行为习惯养成，再进行纠正就需要花费更多的时间与精力。因此，良好行为习惯的培养应当抓住幼儿关键期，为其未来发展奠定坚实的基础。

幼儿园是孩子接受启蒙启智教育的重要环境和场所，因此在幼儿园教育阶段注重培养幼儿良好习惯的习得和养成极为关键。这不仅为幼儿未来的成长和发展奠定良好的基础，同时更有助于幼儿自身的健全人格及优秀素养的形成。尤其是幼儿园大班的幼儿，他们即将进入小学学习，将面对与幼儿园教育迥然不同的教育形式。幼儿园教育以游戏活动为主，而小学阶段将会以知识习得为核心。因此，如果幼儿园大班的幼儿能够在启蒙教育阶段便建立良好习惯，健全成长人格及心态，那么在小学阶段的学习和生活过程中将事半功倍，取得更显著的进步。

三、影响幼儿良好行为习惯的因素

（一）幼儿园因素

幼儿在幼儿园的时间比较长，所以，幼儿园对幼儿良好行为习惯的养成尤为重要。作为幼儿教师，应该将幼儿的养成教育渗透到日常生活中，让幼儿逐步养成良好的行为习惯，为今后的学习打下坚实的基础。然而，很多幼儿园并没有对幼儿的良好行为习惯引起足够的重视，特别是个别的民办幼儿园，在利益的驱使下，一味迎合家长的喜爱、需要和期望，在各个方面毫无节制地迁就幼儿，忽略了教育的真正意义，更不要说引导家长从科学规范的角度培养幼儿良好的行为习惯了。因此，幼儿园肩负着双重教育重任，不但要在一日生活中培养幼儿的各种良好习惯，更要引领家长从观念上改变以往的包办代替、溺爱纵容等意识，让家长放手，给予足够的空间让孩子发挥，自我锻炼，并积极主动地配合幼儿园的养成教育。

（二）家庭因素

家庭教育对于幼儿良好行为习惯的培养具有决定性影响。随着社会的不断发展，幼儿家庭教育中的弊端也逐渐显露出来。父母忙于工作，疏忽与幼儿的交流，导致家庭教育存在极大的缺陷，不利于幼儿良好行为习惯的养成。同时，现代幼儿家庭教育中，很多家长过分强调对孩子的智力开发，忽视了全面素质教育，导致幼儿成长期间失去劳动行为能力，性格骄纵、偏激等，对幼儿良好行为习惯的养成带来极大的阻碍，甚至对幼儿成长产生严重的负面影响，不利于其健康成长。因此，提高家长对幼儿教育的重视程度，加强对幼儿良好行为习惯的培养具有迫切性。

（三）社会因素

家庭教育、幼儿园教育、社会教育在行为习惯养成中具有重要的作用，做好孩子行为习惯养成教育工作，必须建立以家庭教育为基点、学校教育为中心、社会教育为依托的三结合网络，从而使孩子行为习惯养成教育渗透到各个方面，形成全社会的职责，充分发挥三位一体的教育合力。但是，事实上，政府教育机构、社区等，对幼儿园教育还没有引起足够的重视，它们更多地把孩子的教育指向学校，认为这才是孩子教育的根本场所，却忽略了幼儿的早期教育对幼儿终身发展的影响。

因此，政府教育机构、社区等应该转变观念，不但要重视幼儿的早期教育，还要不断向广大家长宣传幼儿早期教育的重要性，并适时适度地对幼儿园的教育给予鼓励、支持和帮助，使幼儿的良好行为习惯得到全方位的发展。

四、幼儿良好行为习惯养成的策略

（一）幼儿园的策略

1. 尊重幼儿学习特点

幼儿的学习受兴趣和需求的直接驱动，幼儿的认识与活动受到兴趣和需求的直接影响，要使幼儿成为主动的学习者，就必须尊重幼儿的兴趣和需求，教师要尽可能把期望幼儿学习的内容转化为幼儿学习的兴趣和需求。例如，要求幼儿在吃饭时保持桌面干净整洁，就要发挥幼儿积极主动的一面，可以让幼儿以小组比赛的形式，通过幼儿他评、自评，教师评价，对保持桌面干净的幼儿给予肯定和奖励，以激发其他幼儿的积极行为，从而将积极行为逐渐转化为幼儿内在的行为。所以要将幼儿学习习惯的培养渗透到幼儿的生活之中，通过相互渗透来促进幼儿行为习惯的发展。

2. 营造良好的环境，培养幼儿的行为

环境对培养幼儿良好的行为习惯是十分重要的。教师可以在幼儿园教室的环境中渗透教育内涵，如在柜子上贴上标识，提醒幼儿"物归原主""分类存放""轻声轻语"等。另外，针对幼儿的需要将各区域进行合理划分，避免幼儿无事可干，避免教师过多地指挥和干预，让幼儿明白在什么地方干什么事，有序进行，不相互干扰。

营造文明礼貌的良好氛围，如师幼之间、同伴之间互相讲礼貌，经常说"谢谢""对不起""没关系""早上好"等，利用语言环境培养幼儿的感恩意识，在每餐餐前让孩子说"感谢园长、老师、农民伯伯、厨房阿姨、节约粮

食"，让幼儿在语言环境中不断强化感恩意识。

另外，教师还应注重创设一个和谐、友爱的交往环境，如可以在幼儿园内开展"以大带小"的活动，让大班小朋友带着中班或小班小朋友一起玩耍，组织他们一起做游戏、一起进行角色扮演、互相分享自己喜爱的玩具。这些活动能够促进不同年龄层次的幼儿展开沟通与交流，激发大班小朋友"爱幼"的情感，使其学会帮助比自己年龄小的人，同时也能让中小班小朋友学会更好地沟通，学会与比自己年龄稍大的人友好相处。

3. 加强成功教育，激发幼儿潜力

成功教育是一种重要的心理健康教育方法，主要是引导幼儿成功完成一项活动，借助成功完成活动带来的成就感来提升幼儿的自信心，激发幼儿面对困难的勇气，培养幼儿自信、乐观的性格特征。例如，在实际教学活动中，某一幼儿胆子比较小，十分害怕跳绳，总担心绳子会打到自己，因此为有效消除她的恐惧，教师先带领她观察其他小朋友如何跳绳，然后将标准的动作进行分解，并在一旁打着节拍一步步引导她进行跳绳练习。在教师的鼓励下，该幼儿在分拍练习两个星期后，终于成功克服了心理恐惧，掌握了跳绳技巧，教师也及时给予了该幼儿鼓励与赞扬。这种由自己努力获得的成功让该幼儿激动不已，在以后的学习过程中，该幼儿明显变得更加自信，性格也逐渐开朗。由此我们认识到，成功教育能够有效激发幼儿潜力，消除幼儿"心魔"，这对于幼儿良好性格特征的培养具有重要的作用。

4. 建立良好的行为习惯规则

俗话说："没有规矩，不成方圆。"但是，对于大班幼儿来讲，规则应该如何制定呢？教师不是规则唯一的制定者和决策者，应该让幼儿一起来参与规则的建立，这样有助于幼儿对规则的认同和执行。在教师的引导下，由幼儿自主选择和设计相关规则，如课间10分钟的音乐选择方式，班级安全标志的设计和贴放，班级进区卡的设计，避免拥挤的喝水和取放书包、书袋的路线，设立值日生工作内容，等等。这样，幼儿会觉得亲切、自然，同时也更加明确了规则。

在幼儿期，让孩子学会自理，承担一些简单的劳动，为的是培养孩子的独

立性及个人义务感和责任感，并由此进一步培养他们的社会责任感。例如，早晨入园时，请早到园的小朋友帮忙放杯子，请每一组第一个到园的孩子帮忙把自己这组的椅子从桌子上搬下来摆放整齐；午饭后，请值日生幼儿轮流帮忙擦桌子、洗骨碟和毛巾等；傍晚放学临走前，请每位幼儿把自己的椅子放到桌子上摆放整齐。随着年龄的增长，对大班幼儿要提出更高的要求，不仅要在规定的时间内独立熟练地穿脱衣服、洗脸洗手，而且要自己动手按要求收拾自己的所有物品，协助老师整理各个学习区域的材料。

5. 积极发挥幼儿的自我教育和榜样教育作用

利用孩子们之间的交往使其互相感染、彼此教育，可以收到意想不到的效果，节省教师很多时间。在帮助幼儿明确是非观、树立身边榜样的同时，使他们学会较为客观地认识自我和全面地评价自我。例如，教师可以利用评价活动结合幼儿年龄特点，在班上设立"礼仪小明星""红花表""谁最棒"等评比表，内容包括坚持上学、学习兴趣、生活能力、劳动意识、生活习惯、进餐习惯等方面，视孩子的情况可定期更换。坚持每天记录，让孩子们通过自我评价与他人评价相结合、横向评价与纵向评价相结合的方式进行评价。每周五进行一次全班师幼互相评价，让每个孩子都说说他为什么评了奖或为什么没有，让孩子明白什么是对的行为，什么是错的行为，对有进步的孩子应及时给予肯定并奖励，号召全体幼儿向其学习；而对幼儿的不足要指明努力的方向，鼓励他们不断进步。

幼儿教师在幼儿心中通常有着非常重要的地位，幼儿在日常学习中往往会不自觉地模仿教师的行为，因此教师的一言一行都会对幼儿的日常行为习惯产生非常重要的影响。这就需要教师从日常生活点滴入手，以身作则，加强对规范行为的引导与示范，如教师日常应做到不随地吐痰、说话谈吐有礼貌、不说脏话，这些对于幼儿均有着较为积极的影响意义。教师还要充分发挥自己的影响力，引导幼儿辨别行为习惯的规范准确性，如针对每天教室内发生的好人好事，教师应在班里公开点名表扬，给予幼儿一种正向的激励；针对幼儿的一些不良行为，教师要私下给予幼儿一定的指导，让幼儿意识到自己行为的错误。同时，教师可以充分发挥示范作用，比如带领幼儿将凌乱的桌椅摆放整齐，带领幼儿捡拾园内的垃圾，从而给予幼儿一种积极正向的行为引导，实现对幼儿良好行为习惯的有效培养。

6. 关注幼儿心理情感

（1）善于运用"贴标签效应"

当一个人被贴上"标签"时，他就会做出自我印象管理，使自己的行为与所贴的"标签"内容相一致。这种现象是贴上"标签"后引起的，故称为"贴标签效应"。心理学认为，之所以会出现"贴标签效应"，主要是因为"标签"具有定性导向的作用，无论是好是坏，它对一个人的个性意识的自我认同都有强烈的影响作用。给一个人"贴标签"的结果往往是使其向"标签"所喻示的方向发展。心理学实验表明，给一个人贴好的"标签"，这个人就会努力做得更好，以求名副其实；给一个人贴坏的"标签"，如"你真笨""你是捣蛋鬼""你是小偷"，这个人就会破罐子破摔，也求得"名副其实"。例如，当我们看见一个大孩子欺负一个小孩子的时候，使用不同的语言会起到不同的效果。"怎么搞的，比你小的都要欺负，你是虐待狂啊！""我知道你是一个好孩子，你不是真的要欺负小朋友，是吗？"两种说法，两种效应，效果截然不同。因此，当孩子出现不良行为时，教师和家长不能随便给孩子贴坏的"标签"，要贴正向的、积极的"标签"，给孩子更多积极的心理暗示。

（2）巧用语言暗示

教师要多说暗示性语言，通过语言的暗示，孩子相信自己是聪明的、有创造力且非常能干的。例如，××特别聪明，××爱动脑筋，××爱发明，××特别有办法，××比老师的主意还多，××什么都不怕，××喜欢和人交往，××特别勇敢，××身体棒棒的，××喜欢锻炼，××有什么不舒服休息一下就好了，××喜欢帮助别人，××会关心爸爸妈妈，××爱护小动物，××是一个爱学习的好孩子……

（3）注重做好幼儿情绪调控

教师要适时引导幼儿合理发泄自己的负面情绪，学会调控自己的心理。例如，部分幼儿在某种不合理的需求得不到满足时，往往会以撒泼打滚、跺脚哭闹等消极的行为方式来表达自己的不满，此时教师应充满耐心地引导，做好与幼儿的沟通交流工作，让幼儿意识到自己要求的不合理之处，同时提供适当的场所，让幼儿将这种不良情绪发泄出来，而不是只会强制性要求幼儿"不许哭"。很多时候，幼儿一些过激的行为是由诸多不良情绪积压所导致的，因此教师应教会幼儿合理表达自己的诉求，发泄自己的不良情绪，从而有效培养幼儿学会调控自己的心理，提升情感自控能力，这对于幼儿规范行为的养成及心理健康有着非常重要的影响。

7. 借助一日生活课程

习惯的养成绝非一朝一夕，借助一日生活课程，能够帮助幼儿在其中养成良好的学习习惯。幼儿园一日活动指幼儿从早上进园到下午离园所经历的各项活动，主要包括来园、自由活动、集体活动、户外活动、游戏活动、午餐、午休、点心、离园等，这些皆是课程。要通过实践研究充分利用一日生活课程（自主游戏、场馆游戏和传统节日教育）促进幼儿良好学习习惯的养成，提升教师们的专业素养以及与家长的沟通能力，优化教学过程，更有效地促进大班幼儿良好学习习惯的养成及多方面的发展。例如，在一日生活中，探索在自主游戏中培养幼儿良好的学习习惯；探索在场馆游戏中培养幼儿良好的学习习惯；探索在中国传统节日教育中培养幼儿良好的学习习惯。搭建促进幼儿良好学习习惯养成的家园共育平台。教师们利用线上平台搭建的家园共育系统，对幼儿在一日生活课程中的各种表现进行详细的记录和展示，能够帮助家长了解幼儿的实际情况，也能够帮助教师针对这些数据展开更有效的教育活动，帮助幼儿养成良好的学习习惯。

8. 重视幼儿良好习惯的培养

（1）幼儿良好行为习惯类别

第一类：良好品德习惯，包含文明礼貌、友爱同伴、友好相处、爱集体、守纪律、爱劳动、诚实勇敢。

第二类：良好生活习惯，包含良好的饮食习惯、饮水习惯、睡眠习惯、自我服务习惯、物品管理习惯。

第三类：良好卫生习惯，包含饭前便后洗手、保持身体清洁、保持衣着整洁、保持环境整洁。

第四类：良好学习习惯，包含喜欢学习，对学习活动感兴趣，能集中注意力专心地参与某一项活动；有正确的读、写、坐和握笔的姿势；会按照一定要求去翻阅图书，能爱护图书文具，会整理这些用品。

（2）幼儿良好品德习惯的培养

① 通过角色游戏，培养幼儿人际交往行为。

幼儿在角色游戏中能够意识到必须承担角色的相应责任，同时也保证了幼儿参与的热情。例如，我们幼儿园里开展的自主游戏为幼儿创设了很多区域，如"江高面馆""江高步行街""江高点心店"等。游戏中所有幼儿都动起来，人人有角色，并将游戏中的主配角让幼儿轮流担当。角色游戏基本上是由群体来完成的，因此，角色游戏能很好地发展幼儿之间的友好交往，也能体现幼儿之间互相关心、互相帮助的良好品质。

又如，"江高健康馆""江高步行街"，体验"医生"与"病人"的交往、"营业员"与"顾客"的交往。孩子们你来我往，情绪愉快，在扮演不同角色的过程中，不但能掌握社会行为规范，逐渐摆脱以自我为中心的意识，而且能学习不同角色之间的交往方式，更增添了交往的兴趣。同时，幼儿逐步认识和理解角色的义务、职责，不断学习社会经验和行为准则，进而使同情心、责任感得到发展，并逐步养成互相帮助的优良品质。

② 在环境及活动中渗透良好品德的培养。

幼儿园通过对教室环境的布置、美化和设计来创造适合幼儿成长的教育环境，并利用环境与幼儿的相互关系来熏陶和改变幼儿的行为。例如，我们幼儿园经常利用一些节日布置相应的环境，如国庆节、教师节、三八妇女节、冬至等，激发幼儿爱祖国、爱家乡的情感，使幼儿学会关心，感受到品德方面的教育。

学习活动是培养幼儿品德的主要途径。首先在教学过程中不能让幼儿感到单调、古板；其次要在各个教学领域中对幼儿进行品德方面的培养，如社会活动"祖国妈妈的生日""冬至""教师节"等，还邀请家长参与亲子活动。另外，教师通过给幼儿讲故事、看动画片和阅读图书等手段来培养他们良好的品德，通过故事书中的人物行为让幼儿去认识哪些行为是正确的，哪些行为是错误的，并且全面培养幼儿的品德。例如，《孔融让梨》的故事，教育我们从小就要向孔融学习，养成尊老爱幼的习惯，也告诉人们要互相忍让，不要只想自己，不想别人。

体育活动也是培养幼儿品德的途径之一，富有竞赛性的体育活动能培养幼儿的集体荣誉感，使幼儿养成勇敢、不怕困难的良好品德。幼儿在一起玩游戏时也能养成懂得分享、谦让和合作的良好品德。例如，在"老鹰捉小鸡"的游戏中，幼儿就要用集体的力量来战胜"老鹰"。幼儿可一起合作完成游戏。

我们还可以利用常规活动对幼儿进行品德教育。例如，教师在让幼儿自由活动时，要注重培养幼儿和同伴交往的能力，让幼儿学会分享和交流。教师带幼儿户外活动时，也要告诉幼儿看到别的老师要主动打招呼，让幼儿养成良好的文明礼貌习惯。我们幼儿园每周一升国旗时都会请大班的孩子来当护旗手，这样不但能培养他们的爱国情怀，还能培养他们的自豪感、自信心和责任感。园长妈妈经常利用升国旗活动唱一些歌曲或讲一些故事教育幼儿关心尊重别人、友爱同伴、爱集体、守纪律、爱劳动等。常规活动的每个环节都是教师培养幼儿良好品德、引导幼儿学会关心的时机。

（3）幼儿良好生活习惯的培养

① 幼儿养成良好的饮食习惯。

每餐前可以听听音乐、聊聊饭菜，先帮助幼儿拥有良好的心情，愉快的情绪有助于促进幼儿的胃口；鼓励幼儿每种食品都要吃，因为每种食品都有其独特的营养，让幼儿逐渐养成不挑食、不偏食的习惯。教师可以通过歌曲、故事来教育幼儿。例如，利用《大馒头》《大公鸡和漏嘴巴》教育孩子珍惜粮食，养成良好的进餐礼仪；创设环境"用餐好习惯""今天吃了什么"；等等。

② 良好的生活自理能力。

著名教育学家陈鹤琴先生说过："凡是幼儿自己能做的，应该让他们自己去做，幼儿习惯养得不好，终身受其累。"独立生活的能力是完整人格的重要组成部分，要培养幼儿的自理能力，就要让幼儿自己动手，做自己的事情。作为教师要为幼儿创造一切有利时机，给予幼儿自己的事情自己做的机会。利用趣味的方法教给幼儿生活自理的基本方法，如利用儿歌、故事等，教给幼儿穿脱衣服和鞋袜、洗手洗脸、擦鼻涕。经常开展自理能力竞赛活动，如"我最棒""小帮手"。

教师还可以在活动室创立专门的生活活动区，为幼儿提供一些录音、图书、图片，让幼儿学会分辨哪些行为是对的、哪些习惯不好，在区角多放置一些生活物品，如袜子、手套、梳子等，让孩子在闲暇之余，学习生活物品的使用，提高生活能力。通常在幼儿园孩子都可以自己能做的事情自己做，但在家就什么都依赖家长。因此，教师要转变家长的错误观念，让家长懂得在家里不要剥夺幼儿自己动手的权利，让家长知道培养孩子自理能力的重要性，使家长在家里能鼓励孩子自己的事情自己做。

（4）幼儿良好卫生习惯的培养

① 幼儿养成良好的个人卫生习惯。

良好的卫生习惯有益于幼儿身心的健康成长。我们根据幼儿年龄特点，通过讲故事、看多媒体动画等方式，让幼儿知道养成个人卫生的重要性。我们还请保健医生给幼儿介绍不讲卫生的危害，通过家长会或家园联系册向家长了解幼儿在家里的卫生习惯，提示家长与幼儿园教师共同培养幼儿良好的卫生习惯，如早晚刷牙，饭后漱口，勤为幼儿洗澡、换衣服、剪指甲。

另外，随机教育是日常生活卫生习惯养成的一种十分重要的教育形式。日常生活中蕴藏着丰富的教育契机，我们要善于观察捕捉并运用得当，使幼儿的卫生习惯落实到行为上并逐渐内化为品质。

② 合理组织幼儿的体育锻炼。

我们要激发幼儿参加体育活动的兴趣，使其养成锻炼的习惯。《3～6岁儿童学习与发展指南》《幼儿园教育指导纲要（试行）》《广东省幼儿园一日活动指引（试行）》中都提到，保证幼儿每天的户外活动时间不少于2小时，体育活动时间不少于1小时，提高幼儿适应季节变化的能力。我们幼儿园不但开展早锻活动，而且开展午操活动，为幼儿准备了非常丰富的体育活动材料。如皮球、跳绳、毽子等，都是根据大班孩子发展的情况提供的相应材料。

（5）幼儿良好学习习惯的培养

① 培养幼儿热爱学习、善于思考的习惯。

为实现幼小衔接教育，幼儿园必须加强对幼儿学习习惯的培养，让幼儿对学习形成正确的思想认识，让幼儿养成善于思考、勤于动脑的好习惯，从而提高幼儿的学习能力，促使其更好地适应小学阶段的学习。

幼儿教师需要注重对幼儿兴趣的培养，对活动素材及教学方法进行创新。比如，教师可以在活动中组织趣味汉字游戏，将与汉字相关的图片和动画呈现给幼儿，让幼儿在兴趣的激励下，自主参与到汉字的记忆和学习当中，从而丰富幼儿的汉字知识储备，为幼儿今后更好地适应小学学习环境奠定良好的素质基础。同时，教师需要组织趣味的游戏活动，让幼儿在娱乐性的活动环境中，掌握相关的文化知识。比如，教师可以引导幼儿通过讲故事的方式自主阅读文本素材，或者参与简单的计算游戏，让幼儿形成良好的逻辑思维。不仅如此，教师在日常教学工作中需要引导幼儿养成勤于思考的习惯，让幼儿多问为什么，并自主针对自己的疑问进行探究和思考，从而培养幼儿形成良好的自主学习意识。

② 培养幼儿乐于倾听的习惯。

乐于倾听是一个很好的学习习惯，这是现行的教育形式中孩子获取知识的最主要途径。当幼儿升到大班后，课堂不容乐观的场景时时在我们眼前出现：老师在讲课，有的孩子在下面左顾右盼、交头接耳、搞小动作，请他回答问题，不是答非所问，就是尴尬站着，有的干脆打断老师的讲话，把话题扯到十万八千里；面对老师的有趣提问，要么一个孩子的发言还没有结束，其他孩子迫不及待地举起小手，"老师我来——"的叫声此起彼伏，孩子们的发言却一再重复，要么是老师指名一位孩子回答后，其余举手的孩子都异口同声地叹起气来，垂头丧气，根本顾不上听讲。其实所有孩子都知道"上课要认真听讲"，因为不管是父母还是老师，几乎每天都会跟他说这样的话。但往往有的孩子上课从来不听讲，那为什么他们不听呢？其中一个原因就是他们没有掌握听的方法，孩子不知道怎样才是倾听。所以，我们要细化听的要求：每天提醒幼儿，老师讲课时眼睛看着老师，指着黑板时眼睛盯着黑板上的内容，要读书时眼睛就得看着图画书，等等。养成良好的听课习惯，光靠一两次的说教是没有用的，我们也不能指望一两次之后就有效果。在平时的日常活动中多教孩子一些可行的方法，长期坚持效果不错。

例如，设立倾听区域。在区域活动中专门选择一个安静的地方为幼儿设置倾听角，并在倾听角内投放耳机、录放机、故事、儿歌、童话磁带及相应的图书，让幼儿在晨间或每天的分区活动中随时进行倾听练习。所设置的内容应符合幼儿的年龄特点。大班幼儿的语言越来越丰富，词汇量也在不断增加，这时可以给孩子准备较长的、词汇量丰富的、情节复杂的故事、童话、儿歌。

又如，与幼儿制定公约。在日常生活中，可与孩子们协商制定几条倾听规则：老师或父母讲话时，认真倾听，不随意打断或插话；与同伴交谈时，注意倾听别人讲话，不随意打断；能把自己看到的、听到的讲给别人听；在活动中，能认真倾听并大胆回答问题。对倾听得认真的小朋友奖励小粘贴，立即给予积极评价，设立奖励措施，满足幼儿被肯定的需要，刺激强化，巩固良好的行为。

再如，用玩游戏的形式。"接龙传话"是一个非常好的游戏，孩子非常喜欢玩这样的游戏，因为这个游戏每次说的内容都不一样，更能激发幼儿的兴趣。孩子们为了争第一，一次比一次听得认真。这样不仅锻炼了幼儿的语言表达能力，更培养了幼儿认真专注的倾听习惯。

另外，在幼儿园大班阶段，孩子通过小班和中班的学习，已经对幼儿园的教育活动有了一定的了解。在这样的前提下，教师在课堂上开展教育活动时就要更有针对性，可以通过设置问题、表扬鼓励的方式培养孩子养成良好的倾听习惯。教师在讲一段话之前要提前将包含重要信息的问题告知孩子，例如，今天要教孩子们学习计算，在此之前教师就可以利用一个有趣的问题吸引幼儿的注意力。现在老师的手里有6个苹果，来了5个小朋友，每个小朋友需要吃2个苹果，那么老师还需要再准备几个苹果呢？通过这个问题，引导幼儿进一步倾听，对此感到好奇，老师还需要再准备几个苹果分给孩子们呢？经过加减法的学习，孩子能够发现，每个人2个苹果的话，5个小朋友需要10个苹果，现在老师有6个苹果，老师还需要再准备4个苹果。这样，孩子解决了问题，也在其中学到了加减法，还潜移默化地养成了倾听的好习惯。

③培养幼儿大胆发言、表现自我的习惯。

在孩子学会倾听之后，教师就要进一步培养孩子敢于发言、善于发言的习惯。这样的习惯在学习中是非常重要的，孩子们只有敢于发言，才能说出自己心中的困惑；只有善于发言，才能帮助老师更好地理解自己在教学过程中存在的疑问。很多幼儿在上课的时候不愿意发言，主要是因为非常胆怯，担心自己答错了，在这样的情况下，教师就要采用鼓励的方式鼓励孩子大胆发言，可以根据孩子喜欢模仿的特性，挑选班里几个胆大活泼、热爱发言的小朋友，将他们作为发言的榜样，对他们采取鼓励的方式，让其他幼儿看到之后也向他们学习，这样就让孩子勇敢地迈出敢于发言的第一步。然后便是善于发言，在培养幼儿善于发言的过程中，需要教师有效设计课堂教学活动，教师要学会换位思考，在讲课的过程中，要学会从孩子的角度去看待问题、思考问题，还要设置悬念，激发兴趣。只有激发兴趣，孩子们才能更好地进行询问学习，兴趣是最好的老师，设置悬念能够帮助孩子们有效地进行问题询问。例如故事中的教学，我们可以设置悬念提问：故事中有谁？发生了什么事情？使孩子认真听和思考。同时为了进一步鼓励孩子发言，在活动中教师可以根据班级的情况设计小组积分表，将孩子们分成不同的小组，当幼儿在课堂上向老师提出了问题之后给小组的孩子加上相应的分数，每周评出最优小组。

④培养幼儿阅读的习惯。

当幼儿进入了大班，阅读需求越来越大，教师更应该把握这个时期来培养幼儿的自主阅读能力。在阅读活动中经常会发现这样的现象：有些幼儿对翻书的动作比对阅读本身更感兴趣。往往别人刚看一点，他们都已经看完了一本书。产生这种情况往往是因为幼儿还没有真正掌握阅读的方法或对阅读的书不感兴趣。我国大教育家孔子说过："知之者不如好之者，好之者不如乐之者。"激发幼儿的阅读兴趣，把阅读活动建立在幼儿的兴趣上，并将早期阅读教育融于幼儿所喜爱的图画书中，幼儿自然会对早期阅读活动产生兴趣。所以一定要精选与幼儿生活相关的故事书，选择一些图文并茂、有一定教育意义、适合幼儿阅读且具有一定积累价值的幼儿喜爱的故事书。例如，绘本《约定》里面讲述的是一些小动物坐车时发生的一些既有趣又贴近生活的情节，这本书在我们的阅读区里是最抢手的。我们除了在课室里设置图书角以外，还把主墙面与语言区融为一体，从而扩大了阅读活动的范围，增强了阅读活动的趣味性，使幼儿感到在如此舒适的环境中进行阅读是一件很快乐、惬意的事情，他们的阅读兴趣自然也就更浓厚了。例如，大班主题活动"文具王国"，教师有意识地在布置环境（区角、墙饰）时，适当贴一些文具的名称和一些象形字等，以帮助幼儿获得这些文字信息，让幼儿在这样的环境中不知不觉地获得语言文字知识。在阅读时，孩子们可以自己阅读图书，也可以和同伴一起看书，幼儿与幼儿之间相互作用，使幼儿学得自然、轻松，分享早期阅读的快乐，从而提高他们对阅读的兴趣和积极性。在适当的集体活动中，教师还能及时发现幼儿阅读的个别需要，以给予恰当的帮助。

　　然而，大班幼儿早期阅读能力的培养不是一朝一夕就能完成的，是需要通过家园的密切配合共同建立起来的。教师和家长共同监督，幼儿才能自主进行阅读，才能更有效地提高阅读能力。家长的配合也是非常重要的。经常听到家长反映，孩子在幼儿园能很认真地看书，但在家里就从来不看书。因此教师也要经常与家长沟通，引导家长与园同步。例如，要求家长在家为幼儿提供小书桌让幼儿有学习的氛围，家长每天抽时间与孩子进行亲子阅读。有时间可以多带孩子去图书馆阅读，同时感受图书馆的环境，以培养幼儿良好的阅读习惯。

　　另外，教会幼儿阅读技能、方法是非常重要的，这是幼儿开展阅读活动的前提。大班幼儿已熟悉数字，可以先教他们按页码顺序翻阅图书，使他们掌握看书的方法并养成习惯。例如，我们的阅读角提供的绘本《好饿好饿的毛毛虫》讲的是一只又小又饿的毛毛虫开始寻找食物，从周一到周日，从一个苹果、两个梨到十种杂食再到一大片新鲜的叶子，终于感觉不饿了，变成了一条巨大无比的毛毛虫，最后蜕变成了一只美丽的蝴蝶。在看书的过程中，幼儿感受到图书是一页一页组成的，熟悉了故事的前后发展，理解了故事的内容。

⑤ 培养幼儿认真书写的习惯。

《幼儿园教育指导纲要（试行）》中明确指出："引导幼儿对书籍、阅读和书写的兴趣，培养前阅读和前书写的技能。"因此，书写教育也是幼儿园的一项教学任务。在幼儿园，虽然没有写汉字的要求，但是大班幼儿应该学习数字的书写了。在让幼儿学会书写数字的同时，我们还要培养孩子书写的习惯。对于大班的孩子来说，书写是一件很辛苦而且枯燥的事情。教师要了解幼儿的学习状况，设计出合理的教学，挑一些像图画一样的象形文字。象形文字是由图画发展而来的，书写这些字就像画画一样。皮亚杰也认为，幼儿绘画与文字皆有一种象征性功能，绘画与文字两者是同源的。这样能充分开发幼儿大脑潜能，也能培养幼儿书写习惯，同时还符合幼儿认知心理。幼儿的思维发展处于动作和具体形象思维，同时抽象逻辑思维刚刚开始萌芽，还不能进行系统的学习。因此幼儿写象形文字就像画画一样很好玩。例如，在大班主题活动中，我们让幼儿先画出象形文字"火""山""网"等所代表的物体，然后再逐渐引导他们勾勒出线条，最后跟象形字比对，这样学习书写汉字，孩子既有新鲜感，又有成就感。

还要培养孩子正确的书写姿势。对大班的孩子来讲，这个时候要开始写字了，写字的姿势会在此阶段形成并伴随孩子一生。在开展活动时，为了能让幼儿更好地掌握知识，我们可以用儿歌形式传授幼儿书写姿势和握笔的方法。例如，"大拇哥，二拇弟，手离笔尖一寸握，两人一起来捏笔，眼睛离纸要一尺，老四老五不落后，身体离桌一拳头，中指后面顶住笔，写出字来快又好"。同时，在阅读角和语言区创设相应的环境，使幼儿有一个良好的学习环境。

⑥ 培养幼儿整理书包的习惯。

幼儿进入大班就开始慢慢地为步入小学做一些循序渐进的准备，因此应让幼儿学会主动整理物品，养成良好的习惯。相信很多教师都会遇到这样的情况：每次活动肯定有一些小朋友忘记带学习用品或者经常把用过的文具遗失，总是丢三落四的。首先学习整理书包，在这个过程中，孩子们从不会整理到学会有序整理再到主动自觉整理，渐渐地，他们的整理习惯和整理能力得到了提高。例如，引导幼儿对书包用品进行分类，知道书包的大小口袋可以放不同大小、不同用处的物品，有序摆放，并会及时拉上拉链，让幼儿自己设计物品的摆放位置。每天值日生检查每个孩子书包里的物品是否摆放整齐，做对的孩子，老师相应地给予表扬和奖励。整理习惯的培养不但能提高幼儿的整理能力，而且能促进幼儿其他方面的发展。在整理活动中，幼儿充分发表自己的见解，积极参与讨论、制定规则，学习独立整理物品，在自我服务和自主性得到发展的同时，也培养了细心、耐心，增强了责任感。

（二）家长的策略

在幼儿教育中，家庭教育与幼儿园教育是最主要的两部分，家园良好合作，是培养幼儿良好行为习惯的重要途径。通过家园合作，教师与家长可以对幼儿在家园两地的行为表现进行及时的沟通交流，及时发现幼儿不良行为习惯的苗头，并有针对性地纠正，从而加强对其良好行为习惯的培养。

1. 家长正确的观念导向

通过家园合作，教师可以加强对家长正确教育理念和教育方法的传授，提高家长对幼儿良好行为习惯培养的重视度与培养方法的正确性。作为父母，首先要更新观念，认识到健全的个性需要良好的习惯作为支撑点，避免过于溺爱和包容，杜绝幼儿以自我为中心，霸道的言语和行为反复出现，注重与孩子的沟通和交流，更不能错误地认为，孩子还小，很多道理不懂。

2. 家庭环境的布置是孩子生活习惯形成的磁场

人置身于优美、整洁的环境中，就会做出讲卫生的举动来。可见，良好的环境对人的行为举止有一定的约束和教育作用。同样，整洁有序的家庭环境会使孩子从小养成秩序感，相反，会养成散漫习惯。合理创设家庭物质条件和生活环境非常重要。如果家庭环境杂乱无序，经常杯盘狼藉、垃圾满地，幼儿也会认为脏、乱、差很正常，会逐步养成随便丢弃玩具、图书以及作息无规律等不良习惯。

3. 注重榜样作用

提升家长对言传身教的重视度，在家庭生活中为幼儿树立模范榜样，以身作则，促使家长以良好的行为习惯对幼儿形成正面的影响。通过家园合作，使幼儿处于良好的教育氛围中，为良好行为习惯的养成奠定基础。家长的榜样作用有时是无意识地影响孩子的，如家长对自己的物品不随意堆放，坚持洗手、刷牙，勤换洗衣物，乐于读书学习，看电视有节制，对待家人和气、关心等，久而久之，孩子对家长的行为方式产生认同感，并逐步内化为自己的行为方式，进而形成良好的习惯。同时，为更好地给孩子做出好的榜样，家长要注意克服自己的缺点，如说脏话、做事情不专心、迷恋游戏或电视等，为此，父母之间要相互提醒，共同改掉自身的不良习惯。

4. 注重实践训练

很多孩子嘴上说得头头是道，行动上却难以做到，因此，家长要注重对幼儿良好行为习惯的实践训练。例如，要养成幼儿每天看书的习惯，家长就要坚持每天和幼儿一起看，看的时候可以让幼儿自己挑选喜爱的图书，然后家长一边讲，幼儿一边翻书，适当提问，培养幼儿的专注力，激发幼儿学习的欲望。这些习惯不是一天两天就能养成的，贵在坚持。因此，家长切不可认为把孩子送到幼儿园就万事大吉，不可指望幼儿园把孩子的一切教育都包揽，家长应该负起自己应尽的教育责任。只有家园密切配合，形成教育合力，才能对幼儿产生强大的影响，促进他们良好行为习惯的养成。

5. 家园统一要求，形成合力

在幼儿教育过程中，家庭和幼儿园担负着同等重要的责任。教师要和家长进行良好的沟通，统一观念和行动。教师要帮助家长了解幼儿园的培养目标和内容，保证教育的连续性和一致性。例如，定期在家长群里向家长分享一些大班幼儿五大领域的发展目标和指导要点方法。又如，大班幼儿换牙的情况比较普遍，帮助幼儿缓解换牙焦虑，了解换牙知识，是我们需要关注的行为习惯之一，可以通过观察醋泡蛋等实验，使幼儿认识到保护牙齿的重要性，培养幼儿饭后漱口、不舔新牙、每天刷牙两次的好习惯；结合"特别的我"的主题活动将"换牙我不怕"的教育融入其中，让幼儿通过多种渠道顺利地度过换牙期。同时，根据家长反映幼儿在家出现的行为习惯问题，我们要及时进行集体或个别教育。家园教育互相补充、相互理解、相得益彰，最大限度地促进幼儿良好习惯的发展。现在多数孩子自控能力都非常差，如学习方面，每次都需要家长监督、督促才能进行学习，没有很好的自控能力。家长要培养孩子养成自控的习惯，如果一个人对自己的行为都不能很好地控制，那么不管在什么事情上，都不会取得理想的结果。

有些家长说孩子在家不能很好地控制自己，主要是因为家长没有对其进行正确的教育。孩子不能自主学习，家长可以利用一些物质来引导孩子自主学习，如告诉孩子，假如你坚持每天自己完成学习任务，一个星期后，就送你一个喜欢的玩具。这样孩子会产生一种动力，到时间就会自己去完成学习任务，在这个过程中，慢慢再加以引导，就可以让孩子养成一种习惯。

在家里，可以让孩子扮演老师的角色，教爸爸、妈妈做事情，巩固所学的技能。家长可以通过讲故事、与孩子一起唱《劳动最光荣》以及观看有关的电视节目等，让幼儿知道自己的事情应该自己做，激发孩子自己动手做的欲望。在家里，家长还应该培养孩子细嚼慢咽的好习惯，帮助其在规定的时间内完成用餐，但也不宜催促过急；要节约粮食，每次盛饭不宜过多，吃完后再添，调动孩子吃饭的积极性。

家长还要持之以恒地培养孩子的生活自理能力和力所能及的家务劳动能力，以体现他们"很能干"的价值感。

好习惯的养成肯定离不开家庭的教育。因为家庭教育同其他教育相比，亲和力、感染力更强，而且家庭教育对人的习惯的影响最早、最持久。家园共同配合，不断地将良好的学习习惯转化为幼儿个人的需要、准则，并支配幼儿的行动，才能使幼儿养成良好的学习习惯。英国有句谚语：行动养成习惯，习惯形成性格，性格决定命运。说的就是，要形成好习惯，贵在行动！孩子在取得了一定的成绩后，家长要及时地给予表扬，并鼓励孩子继续保持良好的学习习惯。

（三）社会方面的策略

为全面提高幼儿素质，使幼儿适应将来社会的需要，政府教育部门应建立相应组织，制定培养目标，开展多种形式的教育活动，建立幼儿家长委员会组织，制定短期培养目标，并经常检查落实和完成情况。让家长做幼儿养成好习惯的监督人，做到及时发现问题，及时引导，及时改正，人人抓，人人管，人人都是培养幼儿良好行为习惯的监督者或领路人。

树立"大教育"的观念，带领幼儿走出家庭，走出幼儿园，进入社区体验，学习老百姓种种好的行为习惯，增强自己的本领。可以建立几个社区教育基地，定期组织幼儿到那里参加活动，使他们身处其中，受到教育。幼儿园、家庭、社会三方结合联成一体，形成强大的教育网络，并充分发挥各自的优势，形成一致的教育要求。只有这样，才能有效巩固幼儿教育效果，并保证行为习惯教育的连贯性与延续性。

五、结语

培根曾言："习惯是一种顽强而巨大的力量，它可以主宰人生。"良好学习习惯的培养和建立对人一生的成长与发展影响巨大，这不仅在很大程度上能够决定个体的生活质量和工作成效，同时还会直接影响个体的幸福感和成就感。幼儿正处于重要的启蒙启智时期，良好学习习惯的培养和塑造极为关键，这不仅将直接影响幼儿园到小学衔接阶段的过渡成效，同时对幼儿主体自身的成长和发展也极具影响。在这一阶段融合幼儿园和家庭教育，有意识地培养幼儿建立良好的学习习惯，将对其一生都带来积极的作用。

但习惯的培养并不是一蹴而就的，更不是靠空泛的说教便能够形成的。这需要幼儿园、家庭、社会三者之间展开深度协作，通过丰富的活动和专业的知识引导，幼儿逐渐形成与建立良好的行为方式，最终推动良好习惯的建立。

参考文献

［1］马洪鑫.家园合作培养大班幼儿良好的习惯［J］.黑河教育，2020（5）：71-72.

［2］赵莉.课程游戏化背景下幼儿园数学教育的优化策略［J］.学周刊，2020（1）：174.

［3］杨丽芳.浅谈如何培养大班幼儿良好的学习习惯［J］.当代教研论丛，2019（12）：134.

［4］付旸晖.幼儿良好自主学习习惯的构建与培养［J］.江西教育，2019（27）：94.

［5］陆维维.游戏精神引领下幼儿行为习惯养成的实践研究［J］.读与写（教育教学刊），2019，16（3）：206.

［6］刘美英.培养好习惯育得栋梁材——浅谈幼儿教学中好习惯的培养策略［J］.学周刊，2018（20）：175-176.

［7］赵小园.浅谈大班幼儿良好学习习惯的培养［J］.知识-力量，2019（4）.

以一日生活课程促进大班幼儿良好
学习习惯养成的研究

广州市白云区景泰第二幼儿园　冯雪杏

《广东省幼儿园一日活动指引（试行）》中指出，幼儿园一日活动划分为四种类型：生活活动、户外体育活动、学习活动和区域自主游戏活动。陶行知先生说："一日活动皆课程。"可见，在一日生活中教育无处不在，且处处蕴含教育契机。大班的孩子正是处于幼小衔接阶段，即将步入小学的殿堂，良好学习习惯的养成有助于其更好地融入小学生活。通过实践研究发现，幼儿在学习品质和习惯方面都有了较明显的提高，所以，以一日生活课程促进大班幼儿良好学习习惯的养成，可以更好地为孩子将来的学习和步入社会做良好的铺垫。

一、大班幼儿学习习惯现状分析

随着社会经济的不断发展、教育质量的不断提升，幼儿家长对儿童教育也越来越重视。但家长对孩子的教育更多的是注重对孩子能力的培养，忽略了对孩子学习习惯的培养，导致孩子养成一些不好的学习习惯，如做事拖拉、缺乏专注力、爱搞小动作等。特别是自2020年疫情发生以来，幼儿们长期居家生活，突如其来的社会环境变化、亲人的焦虑以及长期的封闭环境，势必给他们的身心健康带来前所未有的影响。有关专家的调查显示，有近60%的幼儿在心理适应、习惯养成、社会性发展、身体素质、游戏力等方面存在不同程度的不足或缺位。

二、问题提出

好习惯成就好人生。幼儿园应该重新思考，在幼儿复学返园后，如何通过一日生活课程培养孩子的良好学习习惯。问题不是能轻易解决的，大班的幼儿正处于幼小衔接阶段，养成良好的学习习惯尤为重要，需要我们不断开展相关研究，探索行之有效的解决策略。为此，我们开展园本课题"以一日生活课程促进大班幼儿良好学习习惯养成的研究"，通过查找国内外有关的文献，了解有关一日生活课程中大班幼儿学习习惯的现状，并结合《广东省幼儿园一日活动指引（试行）》《成就孩子一生好习惯》等相关理论知识书籍，形成初步的研究思路，根据大班幼儿年龄特点和心理发展特点，对大班幼儿学习习惯的养成进行实践研究，研究过程中及时总结经验，形成自己的策略。我们的实践研究证明幼儿在学习、行为和生活习惯上都有了较明显的提高，可以更好地为孩子将来的学习和步入社会做良好的铺垫。

三、培养大班幼儿良好学习习惯的策略方法

（一）通过一日生活环节促进大班幼儿良好学习习惯的养成

在一日生活中，生活环节占在园生活的大部分时间，教师应多关注一日生活环节，对幼儿进行有效的指导。大班幼儿经过两年小中班的学习生活，已有一定的生活经验，并且逐渐养成较为稳定的行为倾向。生活习惯的培养更为学习习惯的发展奠定了重要的基础。

1. 入园离园环节

俗话说："细节决定成败。"晨接是一日生活活动的开始，一言一行都会影响孩子一天的心情。晨接的时候安排小朋友轮流担任礼仪小天使，和老师一起参加晨接活动，以此为契机对孩子进行文明礼貌教育和培养幼儿良好的交往能力，让幼儿在一天的开始就拥有积极愉快的心情并养成愉快生活的好习惯。离园环节更要细致，要检查放学前孩子是否可以独立整理自己的书包、衣物和保持仪表整洁。教师要教育幼儿离园前把书包整理得整整齐齐，对着镜子整理

自己的仪容仪表，这时的礼仪教育不可或缺。

2. 进餐环节

在进餐前，教师先对食物进行介绍，如饭菜名称、有什么营养，以激发幼儿食欲。餐前餐后可以安排幼儿担任值日生，协助教师摆餐巾和骨碟。进餐前向孩子提出进餐要求，如吃饭时要安静，桌面要保持干净，不掉米饭，不要有挑食的习惯，还要把碗里的食物吃得干干净净，并结合粮食日开展"光盘行动"游戏，以此促进孩子进餐习惯的养成。

3. 洗手环节

自2020年新冠疫情暴发以来，幼儿洗手成为卫生工作的重点，我园特别加强了幼儿七步洗手法的学习和落实。但幼儿好奇心强，个别幼儿觉得水好玩，洗手的时间特别长，甚至有浪费水的情况出现。教师可以利用这个时机开展"节约用水"教育，让幼儿知道浪费水资源的严重性并学会珍惜水资源，养成节能减排的习惯。

4. 午睡环节

午睡环节容易造成孩子养成不好的习惯，如蒙头睡、趴着睡、睡觉的时候偷偷玩手指、和旁边的孩子说悄悄话等。要培养幼儿独立睡眠和学会自我服务，教师就要加强巡查和指导，利用睡前时间向孩子提出要求：睡觉要保持安静，不能打扰其他人休息，上床前换上拖鞋，外套要叠好放在枕头边，再播放轻柔、安详、抒情的音乐或故事让孩子甜甜入睡。还要教会幼儿独立穿脱衣服、鞋袜和整理床上用品等力所能及的事情，使幼儿养成自我服务的好习惯。

幼儿园一日生活中每一个环节出现的问题都是培养幼儿必备的生活经验和良好学习习惯的最佳契机。每一个契机对幼儿都是终身受益的，教师应当把握好每一个教育契机，长期坚持以促进大班幼儿良好习惯的养成。

（二）在区域游戏活动中促进大班幼儿良好学习习惯的养成

《3～6岁儿童学习与发展指南》中强调："幼儿的学习是以直接经验为基础，在游戏和日常生活中进行的。"在组织区域游戏活动中，氛围越宽松，材料越丰富，形式越多样，幼儿主体性发挥就越好，也越能促进幼儿大胆探索、自信表现、专注学习的品质。要在区域活动中培养幼儿良好的学习品质，需要教师进行有效的指导。

1. 必要性原则

在幼儿进行区域活动时，教师要细致地观察幼儿玩什么、怎样玩、和谁玩以及在活动中的具体行为表现，根据幼儿操作情况给予帮助。例如，当幼儿遇到困难和挫折难以实现游戏愿望时；当幼儿不断更换区域，不能专心活动时，教师要适时介入，施以必要的指导，从而培养孩子做事情持之以恒的品质。

2. 针对性原则

幼儿之间的发展是不同步的，存在较大的个体差异，教师应首先观察幼儿在区域活动中的表现，准确判断个体的"最近发展区"，然后为幼儿搭建发展的支架，实施有针对性的指导，让幼儿感受到自己努力后的成绩，从而建立对学习的自信心。

3. 建立和遵守区域活动规则

俗话说："无规矩不成方圆。"区域活动规则的建立和遵守是保障区域活动顺利开展的内在需要，规则的建立需要让幼儿直接参与共同制定，规则的遵守需要教师引导幼儿耐心坚持。例如，区域活动结束时如何建立收拾整理的规则？师幼共同制定出规则：

（1）结束音乐响起来时马上开始整理。

（2）谁玩的材料谁整理，一起玩的材料一起整理。

（3）按材料的标识物归原位，摆放整齐。

（4）及时清理活动中产生的垃圾和污迹。

这样坚持善始善终的做事方式，对规则的责任意识、自理能力以及学习习惯都能得到很好的养成。

4. 创设和谐的区域活动环境

温馨和谐的环境有助于激发幼儿的思维，在区域活动中，教师要善于创设和谐的活动环境，激发幼儿参与活动的兴趣，使幼儿乐于参与活动。例如，大班的阅读区，教师与幼儿一起进行环境布置，包括名人勤学的图片、故事书中的各种趣味图片等，并对幼儿的读书情况进行展示，设置"故事大王""读书擂台榜""好书推荐"，使不喜欢阅读的幼儿也能尝试从图片开始学会欣赏，借助环境激发幼儿的读书欲望和参与读书活动的兴趣，使幼儿养成听、说、读、写的良好态度与习惯。

（三）在体育游戏中促进大班幼儿良好学习习惯的养成

现代学习理论指出：有意义的学习一定是学习者主动建构的过程。《学习与认知发展》中提到，游戏是最适合幼儿天性的活动，是幼儿完全自主、自发、全身心投入的活动，游戏中的幼儿是积极主动的自我指导的学习者。陈鹤琴先生认为：自动的学习、自发的学习，学习效果最好。

1. 传统体育游戏

民间体育游戏是传统而有趣的游戏，深受幼儿的喜爱。舞龙、滚铁环、抬花轿、竹梯、高跷等游戏，让幼儿在游戏中亲身体验民间游戏的乐趣，还能让他们体验到中华民族民间艺术的多彩与独特风格，从而喜爱这些文化艺术。同时，游戏可以培养幼儿的合作意识和合作能力，让幼儿体验与同伴合作的乐趣。传统体育游戏的教育价值不仅体现在运动技能和动作发展上，而且对幼儿的身体素质和心理素质起到良好的引导作用，使幼儿养成良好的生活和学习习惯，从而促进幼儿身心全面发展。

2. 班级特色体育

开展班级特色体育游戏，如争夺红旗、篮球斗牛赛、二人三足等，都能为幼儿社交能力的发展提供机会，从中培养幼儿健康的情绪情感及学会合作、学会交往、克服困难、抵抗挫折等良好的品质，而且有助于幼儿的身心协调发展。在班级特色体育游戏活动中，幼儿处于主体地位，在发挥积极性和创造性的同时，还可以在游戏中充分享受到自由和欢乐，始终保持身心愉悦的状态。

（四）在学习活动中促进大班幼儿良好学习习惯的养成

幼儿园大班阶段的幼儿初步养成良好的学习习惯对其一生都很有帮助，也是顺利完成幼儿园到小学生活过渡的关键，那么，在大班的学习活动中又该如何培养他们的学习习惯呢？

1. 学习兴趣的培养为学习习惯养成奠基

幼儿园里有一些学习活动，相对于体育、音乐、美术等动静结合比较明显的学科来说会无趣一些。例如，数学活动的内容比较抽象，如果教师不采用生动有趣的形式，幼儿容易对活动失去兴趣或注意力不集中。因此，在数学活动中可以运用"指偶""找朋友""碰球"等游戏激发幼儿的兴趣，让幼儿在边玩边学的过程中完成训练内容，让他们爱上学习数学。

2. 倾听习惯的培养为学习习惯养成开路

在一切活动中培养良好的倾听习惯，意味着幼儿能在活动中理解知识重点，掌握技能技巧的关键点。我们可以通过文学作品中的有趣故事使幼儿认真倾听，还可以在一日生活中要求幼儿集中注意倾听别人的一句话或几句话，然后再将话传给别人。同时，教师在组织活动时要为孩子创设安静温馨的环境，使他们明白既要自己讲，也要听别人讲，要关注一些比较沉默的幼儿，使其积极参与，采用灵活多样的方式培养幼儿的倾听习惯。

3. 正确姿势的培养为学习习惯养成助力

书写活动在大班的开展比较丰富多样，幼儿的书写习惯对他们今后的学习习惯养成有着直接的影响。例如，在美术活动中，孩子们在绘画时要握笔、作画，数学活动时要写数字、画图标，科学活动时也要画画或观察记录，这些都是非常重要的书写习惯。所以，教师在上述活动中一定要教给幼儿正确的执笔方法，示范握笔的正确方法，对于个别握笔不正确的幼儿需手把手地纠正。在日常教育中注重坐姿，尤其强调背挺直，纠正和养成幼儿正确的绘画与书写姿势。活动结束，教师在进行作品讲评的同时，还要进行书写习惯讲评，关注每一位幼儿的书写行为习惯，要求幼儿遵守书写纪律，做到不讲话、不东张西望，养成良好的书写习惯。

四、结论

培养幼儿良好的学习习惯仅靠幼儿园是远远不够的，还需要家庭与幼儿园达成一致，形成合力，实现家园教育一体化。孔子说："少成若天性，习惯如自然。"习惯真是一种顽强而巨大的力量，如果能把握好幼儿时期进行良好的学习习惯养成，不论是生活还是学习，都必将受益无穷。

参考文献

［1］郭燕芬.优化一日生活管理，养成良好生活习惯［J］.读书文摘，2016（33）：34.

［2］赵景红.浅谈如何在一日生活中培养幼儿良好的行为习惯［J］.中小学心理健康教育，2018（10）：56-57，59.

［3］中华人民共和国教育部.3~6岁儿童学习与发展指南［M］.北京：首都师范大学出版社，2012.

［4］陈薇.大班幼儿良好学习习惯培养的实践与研究［J］.科普童话，2016（18）.

［5］许丽萍.游戏点亮童年：幼儿园游戏实践与探索［J］.当代家庭教育，2020（10）：91-92.

浅谈大班幼儿社会交往能力的培养

——以大班主题"为我服务的人"为例

广州市海珠区海鸥幼儿园　曾庆丹

　　大班孩子已经掌握了一些交往的基本方法和技能，逐步从"我"的个人意识转向"我们"的共同意识，也从围绕自我的认识转向对身边周围人的认识。"为我服务的人"主题活动内容从幼儿自身及其生活出发，围绕幼儿由近及远的本土生活圈展开，课程的实施依托幼儿与本土的环境、材料和人的互动。教育的出发点是以幼儿发展为本，但教师要有意识地构建双主体，以幼儿发展为根本目的，有机地整合幼儿自身、自然和社会三者之间的关系。教育价值取向也应该以儿童的发展为根本培养目标，着力从幼儿的生活着手实施教育，尊重幼儿需求，了解幼儿已有经验，重视儿童的价值、个性以及情感。

　　下面将以主题"为我服务的人"为例，谈谈在主题开展中的一些措施和策略。

一、挖掘主题中的教学意蕴以及蕴含的学习经验，激发幼儿学习兴趣，提升幼儿交往能力

　　2019年，广州市出台了《广州市教育局关于加强中小学（幼儿园）劳动教育的指导意见》，提出要加强劳动教育，培养学生的劳动兴趣，磨炼学生意志，激发学生创造力，促进学生身心健康发展和德智体美劳全面发展。因此，五一劳动节是开展主题教育的最好契机。

在主题游戏中，幼儿是活动的主体，教师是观察者、引导者、支持者。在主题开展前，教师要充分挖掘主题中的教学意义，提取社会交往的相关经验，根据幼儿的兴趣，支持幼儿的学习与游戏，让幼儿通过角色扮演、角色游戏等活动，感受劳动的快乐，提升社会交往能力。

游戏中教师通过观察、判断、回应、支持、拓展等方式与幼儿互动，在互动中深入了解幼儿的社会交往经验和需要，通过判断分析游戏事件和教育价值，激发幼儿兴趣，拓展寻找社会交往的"生成点"，来提升主题活动对社会交往能力培养的价值，促进幼儿自主学习能力和创新能力的发展，满足幼儿社会交往的需求。

（一）观察、了解：发现幼儿的经验与需要

教师要观察、了解幼儿在游戏中能做些什么，他们如何生成问题、解决问题，孩子们对问题的认知达到什么水平，等等。教师组织活动时，要善于倾听幼儿间的对话，或许是对某一特定事情的争论、辩解、质疑，发现幼儿的兴趣点，及时捕捉到教育的契机。例如，在主题活动"为我服务的人"开展过程中，孩子们由幼儿园厨房叔叔阿姨的工作开始讨论，谈起了叔叔阿姨平时在厨房里做什么。瞳瞳问："厨房叔叔阿姨在厨房里做什么呢？""他们是怎么做出好吃的食物的？"芷墨说："我去外面餐厅吃饭，能在屏幕上看到厨房厨师的工作！"思思也说："爸爸妈妈带我去吃寿司，能看见厨师现场制作！"从幼儿的对话中可以看出，他们对厨师的工作有了足够的关注，对厨师做什么也有了初步了解，知道厨师工作的特点。这就是生成主题活动"神奇的再生"的生发点。幼儿的游戏行为里蕴藏着社会性发展的重要线索，教师对幼儿游戏行为的观察不应拘泥于某一课堂或某一生活环境，应更多地关注幼儿的游戏活动过程。这样能帮助教师更好地站在儿童的视角，理解幼儿的兴趣，从而提供相关资源或指导支持幼儿园的社会性发展。

（二）判断：分析事件的社会交往教育价值

幼儿的兴趣和关注点是主动学习的起点，幼儿的已有经验是他们在游戏中的反馈模式，他们的某些兴趣、关注点、行为或许并不存在社会交往教育的价值。所以，观察、了解到幼儿的兴趣和需要后，教师要对这些兴趣点和偶发事

件进行教育价值判定，适当地介入，选择适合幼儿的最近发展区、与年龄特点相符合的内容，引导幼儿向有价值的社会交往学习经验靠拢。

例如，在主题活动开展过程中，小部分幼儿对烹饪过程感兴趣，在观察餐厅厨师的过程中发现了有买菜、洗菜、切菜、煮菜、端菜等不同的分工和任务。鉴于幼儿的年龄特点，教师从对兴趣点进行判断，然后及时把握、点拨，使幼儿对烹饪游戏的兴趣转移到对合作能力的探索，形成幼儿新的探究点，生成了社会活动"我们是厨神"，让幼儿在合作烹饪的过程中感受与同伴合作的快乐。

（三）回应支持：激活幼儿的兴趣与热忱

幼儿的社会性发展离不开教师的支持，教师不仅要对幼儿的游戏环境给予足够的关注与重视，还要通过创设充满爱、温暖、尊重的支持性游戏环境，有效促进幼儿的社会性发展，如支持幼儿大胆提问、给予幼儿激励性评价、协助幼儿寻找问题的答案等，帮助幼儿解决学习、活动中遇到的问题或困难。这些支持都有利于主题游戏的顺利推进和实施。例如，在主题活动"小厨师"中，启铭小朋友通过伙伴的分享，生发了对送餐机器人的兴趣，教师及时支持并给予孩子充分的时间、空间，制作送餐"机器人"。通过游戏，幼儿形成了自我与社会的连接，也在与教师、同伴的互动过程中形成自我的社会经验和知识，并应用于游戏中。

（四）拓展：寻找主题中的新生成点

主题活动中，生成与预设是相辅相成、交替发生的，生成活动虽然出于偶然，但并不是孤立实施的，而应该与预设活动相互关联，起到延续和拓展的作用。借助场景化主题开展活动，能够更好地营造场景氛围，幼儿会更加主动地投入活动中来，同时也培养了幼儿良好的行为习惯，增强了幼儿对幼儿园、对民族文化的归属感。例如，在主题活动"为我服务的人"中，孩子们玩起了"送外卖"的游戏，他们将超市里的商品用盒子打包当成外卖，还让收到外卖的孩子签上姓名，作为签收的凭证。而外卖到底是如何传送的？为什么会这么快？外卖的单子又是如何填写的？幼儿对这些内容都不清楚，所以根据幼儿的需要，生成"小小外卖员"活动，既充实了主题的内容，又符合幼儿的社会性发展需求。因此，教师要善于发现并从偶发事件中蕴藏的教育价值点出发，拓展内容，更好地实现生成活动的教育价值，实现社会交往能力的培育。

二、发挥环境创设在主题开展中的作用，为交往需要提供重要资源

为每个孩子提供支持其探究的环境，材料是关键。材料中应暗含有意义、有价值的教育内容，幼儿在与材料的互动中自然生成多种活动，包括社会性交往。

（一）基于幼儿，关注现阶段幼儿的发展需求

"为我服务的人"在主题实施前通过组织家长与孩子"谈话激趣"，组织幼儿投票的方式了解孩子的学习兴趣，依据孩子的需求制订"小小厨师"方案，并将之呈现于主题墙上。然后选择与孩子需求相符的内容达成目标，如对幼儿与家长共同参观餐厅的照片、孩子参观餐厅的发现等内容做了选择和相应的调整，并呈现于环境中，幼儿可以在日常活动中观察、分享、表达，体现当下孩子的学习需求，同时凸显探究性课程的特点，让环境成为幼儿与家长、社区交往互动的平台。

（二）基于本班，满足本班幼儿的学习需求，根据主题活动的推进、学习留痕的呈现，互动留痕、作品留痕

教师关注幼儿喜欢涂鸦和绘画的兴趣点，通过材料提供支持幼儿表达，让幼儿运用自己的绘画语言记录自己在餐厅的发现与观察，将幼儿制作的手工食物投放于区域，让幼儿自主制作菜单、宣传单、餐厅广告牌等。在积极参与活动的过程中，班里幼儿更加了解厨师的工作以及相关的学习内容，激发了对厨师的崇拜与热爱。

（三）基于主体，凸显幼儿学习的同步推进，幼儿在环境布置中有着不可取代的作用

教师要尊重幼儿的主体地位，在班级环境创设中发挥幼儿的主观能动性。主题环境创设是为了帮助幼儿更好地梳理总结，呈现主题进展内容，因此引导幼儿共同创设环境有着重要意义。例如，展示幼儿与家长共同收集的最喜欢的餐厅照片，记录孩子参观餐厅的感悟；鼓励幼儿表达对厨师的感谢之情，自制点餐牌、布置餐厅环境等，合理运用整体墙面、柜面等不同的空间，逐步呈现

主题活动进程，体现幼儿的探究性、参与性，使墙面成为幼儿一日生活中无声的老师，推动学习进度。

三、善用社区资源，扩展交往平台

社区作为幼儿生活的主要环境，与幼儿的成长息息相关，它以一定的物质或精神的形态完整地呈现在幼儿面前，时时刻刻都以一定的方式作用于幼儿。

（一）利用社区资源促进主题活动的生成

本次主题活动充分利用社区资源，组织家长和孩子带着目标多次参观社区周边的餐厅，让幼儿直观地感知厨师的工作、餐厅的环境，并更好地将场景和经验迁移于游戏中。

（二）利用社区资源深化主题活动

社区资源为教师支持、引导幼儿探究提供了极其丰富的宝藏，为幼儿自主学习提供了物质基础。本次主题活动邀请家长到班上开展家长助教活动——"一道菜的使命"，将餐厅的厨房通过视频的方式呈现于孩子眼前，让孩子更直观地了解一道菜的制作工序，从采购、清洗、制作、烹饪到上菜，各个环节清晰呈现。及时满足幼儿的学习热情，支持幼儿的探究需求，有助于促进主题活动的进一步生成和深化。

（三）利用社区资源回应支持主题推进

教师要及时发现幼儿的探究"热点"，回应幼儿的探究热情，及时把握教育契机，使社区资源发挥最好的教育效益，让幼儿再度置身于现实生活情景中，通过与真实环境的进一步有效互动解决问题，使幼儿在不断"发现问题—解决问题—发现问题"的过程中获得认知水平和能力的提高。本次主题活动，善用作为餐厅经理的家长资源，由家委会组织和统筹，带领家长和幼儿更深入地参观餐厅的环境、摆设，同时与餐厅的工作人员（包括厨师）面对面交流，孩子可以与工作人员进行感兴趣的对话，了解活动相关的知识经验，更加理解"服务"的概念。

幼儿园教育是孩子们走向社会、融入社会的关键时期，社会的发展进步都是在人际交往中实现的，任何社会活动都与人际交往有直接或间接的联系，交往能力是一个人生存生活的基本需求。幼儿时期是培养社会交往能力的重要阶段，幼儿只有通过老师的教和与同龄人的交往以及周边人际交往圈等因素的影响才会发现自我，形成独立的人生观、价值观和社会观，完成社会化转型，为将来的社会生活打下坚实的基础。由此看来，重视幼儿教育中社会交往能力的培养，发现当下幼儿园教育中存在的问题，针对问题找出解决的办法对策，是每一名幼儿教师的责任。教师要为幼儿的探究热情提供支持的平台，使幼儿有充分的时间在主题中体验、感悟、建构知识，使幼儿的认知水平、能力以及经验在主题开展中获得进一步的发展。

参考文献

[1] 徐丽秋.主题教育活动中"生成主题"的捕捉与实施 [J].教育导刊，2012（5）：45–47.

[2] 蔡蔚文.利用社区资源开展主题探究活动 [J].早期教育，2006（1）：32–33.

[3] 吴萍.智观慧解巧引：解析自主游戏中教师观察引导策略的运用 [J].湖州师范学院学报，2018（12）：57–61.

[4] 陈秀眉，陈婷芳.以场景化课程助推幼儿深度学习——以大班科学领域教育为例 [J].教育导刊，2019（6）：24–26.

[5] 朱琳，吴凯洁.基于"幼儿为主体"的主题环境互动创设——大班"我是中国娃"主题环境创设案例 [J].家教世界·现代幼教，2017（10）：25–30.

培养幼儿良好习惯

广州市白云区江高镇中心幼儿园　湛建霞

《3～6岁儿童学习与发展指南》（以下简称《指南》）中提到，让幼儿保持有规律的生活，养成良好的作息习惯；帮助幼儿养成良好的饮食习惯、个人卫生习惯；养成锻炼的习惯。《幼儿园教育指导纲要（试行）》（以下简称《纲要》）中指出："培养幼儿良好的饮食、睡眠、盥洗、排泄等生活习惯和生活自理能力。"可见，良好习惯需从小培养。

良好习惯是高层次的自我管理行为，是良好心理素质的重要表现。它是形成幼儿良好个性品质的重要基础，不但能促进幼儿身心健康发展，对培养良好的意志品质也有重大意义，是幼儿园的工作重点之一。在学习《指南》的过程中，我们发现《指南》的健康领域重点提到良好生活、卫生习惯的培养，社会领域侧重于良好品德习惯的培养，而语言、科学、艺术领域则强调了良好学习习惯的培养。同时，《指南》也为我们指出了培养幼儿良好习惯的方法和途径。

一、渗透良好习惯于幼儿园一日生活中

《广东省幼儿园一日活动指引（试行）》对幼儿园一日活动做出了明确的定义："幼儿从入园到离园的一天时间里，在幼儿园室内外各个空间里所发生的全部经历。"而生活活动占一日活动60%的时间。它贯穿幼儿的一日活动，不但能培养幼儿生活自理、自我保护、与人交往等能力，还能促进幼儿良好生

活习惯与规则意识的养成。幼儿园的生活活动包括幼儿入园、进餐、饮水、盥洗、如厕、睡眠、离园等环节。教师在组织幼儿生活活动时进行有机渗透，对培养幼儿良好习惯有关键性作用。

例如，在入园环节，引导幼儿学会主动向幼儿园的老师、保健医生和熟悉的同伴打招呼，可培养幼儿良好的文明礼貌行为习惯。回到班上时，教育幼儿自觉将自己的物品（晨检卡、书包、小水壶）放在指定地方，有助于幼儿从小养成物归原处的好习惯。而积极主动担任值日生工作，能让幼儿养成乐于助人、热爱劳动、做自己力所能及的事的好习惯。

又如，在盥洗环节，指导幼儿饭前便后、运动后及手脏了正确的洗手和擦手的方法，教育幼儿便后主动冲厕，整理好衣裤，能让幼儿养成良好的个人生活卫生习惯。而在洗手的过程中，让幼儿学会在人多时不拥挤，耐心排队等待，洗手后及时关闭水龙头，不玩水，不浪费水，不但让幼儿懂得了什么是文明礼貌行为，还培养了幼儿节约用水的良好意识和习惯。

再如，在餐点环节，让幼儿独立进餐，能养成幼儿自我服务的习惯。而良好的进餐常规，如安静就餐，不偏食挑食，骨头放在骨碟中，餐后收拾好餐具，漱口后用毛巾擦嘴，能养成幼儿有序文明进餐的良好习惯。

《指南》中指出：要树立一日生活皆课程的教育理念。幼儿园的课程来自生活，在幼儿园一日生活中，教育无处不在，处处都是我们的教育契机。把良好的学习、生活、卫生习惯有机地渗透到各项活动中，让幼儿良好的习惯在潜移默化的过程中养成，是行之有效的方法之一。

二、融良好习惯培养于教育环境中

《纲要》中指出："环境是重要的教育资源，应通过环境的创设和利用，有效地促进幼儿的发展。"如果能利用好环境的创设，就能有效减少教师重复的提示。

（一）巧用图示，让环境说话

3~6岁幼儿记忆的特点是以形象记忆为主，无意识记忆占优势，结合幼儿的年龄特点，可以把幼儿园每日重复的环节以图示的形式表达出来，这样能有效培养幼儿的良好习惯。例如，幼儿在园一日活动安排就可以通过图示具体化。大班的小朋友可以把一日生活的各个环节画出来，教师协助适当增加简要的文字说明。而小班，教师可以把幼儿一日生活各个环节用拍照的形式展示出来。这样的环境设置，直观易懂，有助于激发幼儿的情感，对幼儿行为起着提醒及暗示的作用，有助于幼儿养成良好的生活习惯。

幼儿园不少的地方都可以使用图示的环境设置，如我们可以把七步洗手法做成图示的形式，引导幼儿分步洗手，让幼儿养成正确洗手的良好习惯；在水龙头的旁边贴上"节约用水"的图示，提示幼儿洗手后关紧水龙头，培养幼儿节约用水的意识；在书包柜、毛巾架、茶杯架、学具柜、玩具柜、鞋柜上贴上标识，让幼儿养成把物品放回原处的好习惯。图示的方法简单明了，使幼儿的良好习惯在多次的无意识记忆中形成。

（二）创设布局合理的生活环境

创设布局合理的生活环境，有利于幼儿良好习惯的培养。例如，床位的摆放既要考虑到方便幼儿午睡时穿脱、折叠衣服，也要便于幼儿起床时被铺的整理，还要利于教师在值午睡时能关注到全体幼儿的午睡情况。只有为幼儿提供了合理的午睡生活环境，才能有利于幼儿自我服务习惯的养成。

又如，餐点时要考虑到餐桌的摆放是否方便幼儿进出，骨碟、擦手小毛巾的摆放是否方便实用，擦手纸、厕纸、洗手液摆放的地方是否适合幼儿取用，等等。只有科学合理地安排生活环境，才能增加幼儿自我服务的机会，养成幼儿自我服务的习惯。

三、运用多种教学手段促进良好习惯的养成

根据幼儿不同的年龄特点，教师要使用不同的有效教育途径，鼓励幼儿不断实践，从而达到巩固其良好习惯的目的。

（一）通过故事培养幼儿良好习惯

如果教师只是从字面上向幼儿解释什么是"良好习惯"，那么教育效果必定不理想。但如果教师以充满童趣的儿童故事作为教育手段，相信幼儿会更容易接受。因为幼儿都喜欢故事，不但喜欢听故事，还喜欢模仿、扮演故事里的角色、语言和情节。结合幼儿年龄特点，教师可以根据需要选取故事内容。例

如，故事《没有礼貌的小老鼠》《小猴子学礼貌》《金花学说话》《不讲文明的小白兔》……这些故事都是教育小朋友要讲文明、懂礼貌的，幼儿通过故事也懂得了讲文明、懂礼貌的重要性。

又如，故事《没有牙齿的大老虎》《小熊不刷牙》《牙齿里的洞洞》《不爱刷牙的大狮子》是教育小朋友要爱护自己的牙齿，不能吃太多糖果，要养成早晚刷牙的好习惯。

幼儿期正是大脑急剧发育的时期，故事里的人物形象、语言及情节，能迅速被幼儿的大脑接受并储存。所以，教师可以设定好教育目标，有针对性地选择故事，并通过故事的教学形式对幼儿进行教育，使良好习惯的概念具体化，以培养幼儿良好行为习惯。

（二）通过游戏培养幼儿良好习惯

《指南》指出：游戏是幼儿的基本活动，要遵循幼儿的发展规律和学习特点，珍视幼儿生活和游戏的独特价值。游戏中有动作、情节、游戏材料，幼儿喜欢玩游戏，是因为游戏符合其认知特点。而且，游戏不但能激发幼儿的兴趣，迅速吸引其注意力，还能在轻松愉快的氛围中促进幼儿感知、观察、注意、记忆、思维、想象力的发展。教师可以通过游戏的形式，进行良好习惯的有机渗透，让幼儿在游戏情境中学习和巩固已有的生活经验，因此在幼儿良好习惯培养的过程中，游戏是不可或缺的教学手段之一。

（三）通过儿歌培养幼儿良好习惯

儿歌是幼儿最早接触到的文学作品。儿歌语言浅显、有节奏感、通俗易懂，便于幼儿理解和吟诵。教师可以根据不同的生活环节或活动要求，编成易于幼儿理解和吟诵的儿歌，这样不但能提升幼儿语言能力，还能促进幼儿良好习惯的培养。例如培养幼儿进餐礼仪的儿歌："自己吃，不用喂，吃干净，不浪费。吃完后，送餐具，小椅子，归原位。"又如学习穿鞋子的儿歌："两个好朋友，从来不分手，要来一起来，要走一起走，要是穿对了，它们头碰头，要是穿错了，它们把头扭。"再如学洗手的儿歌："开水龙头，湿小手，按洗手液，搓手心，搓手背，搓指隙，搓拳头，搓大拇指，搓小手指，搓手腕，冲一冲，关水龙头，擦干净。"儿歌短小精悍，朗朗上口，不但形象生动地勾勒出生活自理的内容，有利于幼儿理解记忆生活技能的动作，还有助于强化巩固幼儿生活习惯的逐步养成。

四、家园合力巩固良好习惯

《3～6岁儿童学习与发展指南》说明部分指出，制定《指南》的一个目的是"指导幼儿园和家庭实施科学的保育和教育，促进幼儿身心全面和谐发展"。幼儿教育是一项伟大的"系统教育工程"，需要幼儿园、家庭、社会三方共同合力才能完成。特别是幼儿园与家庭的密切配合，只有家园合作，才能更好地发挥教育作用。

家园一致性是家园共育的关键。幼儿园可采用多种沟通形式，如家长讲座、家长园地、网络平台等，提高家长认识，更新家长的育儿观念，让家长明白良好习惯有哪些内容及从小培养良好习惯的重要性。

因大多数好习惯都来源于生活教育，所以家长的生活方式、言行习惯及家庭环境都会对孩子良好习惯的养成产生影响。教师除指导家长使用科学的育儿方法外，还要想办法让家长积极主动地支持和配合幼儿园的教育工作，只有家园合力，才能达到巩固幼儿良好行为习惯的最终目的。

良好的行为习惯不是一朝一夕就能形成的。不论是教师还是家长，都要善于观察和发现生活中蕴含的教育价值，让幼儿在潜移默化中把良好行为内化为自身内在的素质，为幼儿一生的发展打下坚实的基础。

参考文献

[1] 中华人民共和国教育部. 3～6岁儿童学习发展与指南 [M]. 北京：首都师范大学出版社，2012.

[2] 教育部基础教育司.《幼儿园教育指导纲要（试行）》解读 [M]. 南京：江苏教育出版社，2002.

[3] 王丹. 浅谈幼儿园一日生活中幼儿行为习惯的培养 [J]. 未来英才，2017（1）：207.

[4] 莫源秋. 幼儿行为管理的方法与策略 [M]. 北京：中国轻工业出版社，2010.

幼儿行为习惯养成的随机教育策略分析

广州市黄埔区育蕾幼儿园 曾向花

幼儿行为习惯的养成前期需要教师专门、系统的知识和方法的教授，以帮助幼儿了解并效仿规范的行为习惯，如正确的生活习惯、学习习惯、运动习惯和交往习惯。然而，行为习惯养成的终极目标是让幼儿形成自觉、主动的习惯，要实现这一点，就必须调动幼儿内在的动力系统，使其常规习惯从"认知"过渡到"内化"，成为其生活习惯的一部分，以减少教师不必要的管理行为。通过实践，笔者发现幼儿行为习惯的养成前期少不了系统的方法教育，但更需要后期不断的巩固与强化，而随机教育得当，效果往往更好。

一、榜样示范，引导幼儿主动养成良好的行为习惯

互爱互助、关心他人是幼儿必须养成的社会交往品质，这为促成他们合作能力的养成具有重要的意义。然而，观察班上的幼儿发现，很多孩子尚未形成这种意识：看到东西掉了无视继续走过；同伴犯错喜欢哄堂大笑；同伴不开心也不会安慰；遇到小矛盾不是告状就是互相指责……这些问题引发了我们的思考：怎样引发幼儿内在的爱心与同情心，发展幼儿同伴间的互助互爱，减少班级矛盾，实现班级和谐呢？我们进行了很多尝试，如个别谈话、正确示范、公开讨论，虽然有所改变，但是并不明显。考虑到大班幼儿具有一定的主体意识、同伴影响逐渐增强的年龄特点，我们决定捕捉幼儿中的榜样，以榜样示范实现对全体幼儿的影响。

案例：户外运动回来，孩子们纷纷拿着书包进教室换衣服。由于汗湿的衣服贴身比较紧，脱起来有点麻烦，很多孩子会主动向老师求助脱衣服，再由他们自己换上干净衣服。这时，遥遥叫起来："阳阳，我穿好了，我来帮助你脱吧！"遥遥平时很热心，看到能力弱的阳阳脱不了，马上去帮忙。接下来，她又开始帮其他有需要的人脱衣服，有些女孩穿裙子需要拉后面的拉链，她也都帮助拉上了。

遥遥这一热心的举动不正是孩子爱心与同情心发展的最好榜样吗？于是，我马上拿起手机拍下了她帮助别人的一幕幕。等到过渡环节结束，我立刻组织大家一起观看遥遥助人的照片，让遥遥分享自己的助人感受，让被助的幼儿分享被助的开心、感谢。看到遥遥为小伙伴脱衣服、拉拉链，大家其乐融融的画面，听着遥遥表达自己助人的自豪与成就，其他那些能力强的人表示自己以后也会乐意去帮助他人，因为帮助别人是一件多么开心的事情啊！

这次事件后，不仅换衣服环节多了许多"爱心人士"，他们还主动担负起收集湿衣服、晾衣服的工作，有人犯错大家选择原谅，有人速度慢同伴主动去帮扶提醒，遇到小矛盾他们选择协商解决……

遥遥的助人行为开启了全班幼儿的爱心之举。通过关注同伴的爱心行为，感受这种行为双方的情感，他们从情感深处开始认同友爱助人的价值——需要帮助的人能解决问题，助人者体验成功感，也从内心认同助人行为并乐于主动帮助他人。

二、替代强化，间接巩固幼儿良好的生活习惯

喝水是幼儿生活常规管理中的重要一环，多喝水能确保幼儿身体健康、少生病。尽管教师一再强调喝水对身体发展的重要性，但幼儿喝水的现状仍不乐观——有些幼儿经常不喝水，有些幼儿偷偷倒掉杯子里的水，有些幼儿喝水磨蹭难以下咽……说教对改善幼儿不爱喝水现状的意义通常并不大，因为孩子还没有切身感受到喝水对自己的重要性，也没有与水建立真正的情感连接。针对孩子不喝水，我们采取了一些自然后果法，如取消游戏权利与资格，但是这种被动服从未能有效促进幼儿主动喝水习惯的养成。一次偶然的事件给予了幼儿

替代强化的机会，有效地引发了孩子对水与自己、水与大自然的关系的思考，从而促进了他们主动喝水习惯的养成。

案例：钰淇和其他几个小朋友老是不爱喝水，每次都需要提醒。一次午餐后，我们上天台散步时，大家发现了一株干枯死掉的小树苗。于是，全班现场展开了有关小树苗死亡的话题讨论。"为什么这棵小树会死呢？"孩子们开始议论纷纷，"是不是阳光太强烈了，把它晒死了？""它一定是很久没有浇水了，所以才干了！"……"怎么样才能让其他的树不被干死呢？"小朋友们异口同声地答道："给它浇水！"

为了让孩子从"小树苗因没浇水而枯死"过渡到"自身喝水"上，对孩子进行替代强化，我们开始讨论人与水的关系。"植物不浇水会干枯死亡。人不喝水会怎么样啊？"承轩说："也会像这棵小树一样，干死吧！我妈妈是医生，她说小朋友要喝很多水才会长得快！""老师，我每天喝很多很多水，不会干死的！"自觉喝水的子轩非常开心地叫起来。那些平时不爱喝水的小朋友，脸上的表情却很复杂。估计"不爱喝水的我们会不会干死"的担忧在他们心里扎根了吧！这次事件过后，班上喝水的情况明显改善，平时不爱喝水的几个"钉子户"变乖了，再也不用提醒了。

后来，钰淇妈妈反映，孩子最近在家很爱喝水，再也不用提醒了，还非常严肃地强调："小朋友不喝水，就会像那棵小树一样干死！"看来，这次"枯树"事件给孩子内心带来了很大的触动。

我们通过让不爱喝水的孩子，从干枯死亡的小树苗的严重后果上替代感受自己不喝水可能引发的严重后果，促使他们认识到不喝水的坏处，从而愿意去主动喝水、保护自己。

三、分析评价，提升幼儿的行为能力水平

幼儿喜欢玩玩具，但是能自觉收拾玩具的却不多。特别是建构区，因为材料多，玩的人多需要合作，收拾起来又乱又慢。虽然我们采取了取消再次进入建构区资格的方式，但是仍然有幼儿不好好收拾，导致整个区域的小朋友无法按时收完。为什么他们喜欢在建构区里选取尽可能多的玩具玩，却无法按时收

拾完毕呢？是东西太多，还是给的时间不够长？孩子合作能力弱，还是收拾方法有问题？带着这些问题，我们开始观察建构区的收拾情况。通过观察，我们发现，幼儿的收拾方法和责任意识是决定建构区收拾情况的两大主要因素。因此，我们决定从这两个方面着手，选择合适的契机进行介入调节。

案例：建构区收拾玩具的时间到了，小朋友们开始动手收拾。平时速度快的几个小朋友开始忙碌地送玩具，他们将积木叠好，然后双手抱过去归位，再用类似的方法收拾纸杯等玩具。平时慢一拍的阳阳，东看看西瞧瞧，一手拿起一块积木，慢悠悠地送回去。看到这里，我忍住想批评的冲动，有了一个主意，拿起手机对他们的收拾过程进行了全程录像。玩具算是准时收完了，但是在收拾过程中的问题却引发了我的思考：怎样才能让阳阳或者更多类似阳阳的小朋友改变收拾习惯和态度呢？于是，我在区域分享总结环节将刚刚录下的视频上传到电脑上进行播放，让孩子们观察、分析以下两个问题并讨论：谁的收拾方法好？为什么？

在观察视频后，他们很快就对比发现了收拾认真、速度快和收拾不认真、速度慢的幼儿及其所采用的方法的好坏。"弘弘和源源收拾得最快最好，因为他们每次都一叠一叠地收。""枫枫收杯子最好，因为他总是把杯子叠得和箱子一样长再放进去。""阳阳收得最慢，因为他经常发呆，收积木一块一块地送。"……通过观察与评价，引发幼儿对问题的关注后，他们纷纷表示会选择认真、速度快的方法。为了巩固幼儿对这些问题和方法的认识，又组织他们进行了玩具收拾比赛，让孩子们深刻感受到挑战认真、快速收拾玩具的成就感，从而更愿意主动认真地收拾玩具。

回放建构区收拾玩具的视频，引导幼儿进行观看、分析、讨论与评价，让幼儿对比不同方法、态度导致不同的收拾效果，让幼儿发现好的方法和不好的方法，进行功能价值选择。在此基础上，通过竞赛的形式，巩固幼儿对好方法的认识，从而更愿意在后续的活动中使用，这样就很好地解决了幼儿收拾方法与态度的问题。

浅谈大班幼儿阅读兴趣的培养

广州市白云区人和镇中心幼儿园　陈柳方

早期阅读是终身学习的基础、基础教育的灵魂。面对高度信息化的知识型社会，人们越来越清楚地认识到阅读是一个人必须具备的能力。对于生活在终身学习时代的儿童来说，阅读是他们学习的基础，幼儿只有喜欢阅读才会亲近书本。苏霍姆林斯基说："只有让学生体验到快乐的情感，才能学得好。"研究者们发现，3～6岁是人的阅读能力发展的关键期。这个时期，儿童需要养成积极的阅读兴趣、良好的阅读习惯和形成自主的阅读能力。幼儿园大班阶段是培养阅读兴趣的最佳时期，良好的习惯和兴趣养成有利于更好地衔接小学。

一、阅读习惯养成的意义

幼儿都非常喜欢阅读图书，也非常爱听故事，特别是到了大班后，幼儿的语言表达能力飞速发展，也有了一定的阅读基础，对阅读有浓厚的愿望，能够进行生活见闻的详细阐述和事物表象的具体描述，具有一般性的思维想象能力。这时候，培养幼儿养成良好的阅读习惯有着非常重要的意义，这不仅是幼儿认识世界、融入社会、发展自我的重要过程，还有利于幼儿阅读习惯的养成，丰富幼儿的知识，提高幼儿的语言表达能力，开发幼儿的智力，培养幼儿的规则意识等，使幼儿学会与人合作、分享。

二、创设良好的阅读环境，唤起幼儿的阅读兴趣

阅读环境就是一种气氛。环境的创设在阅读过程中起到举足轻重的作用。良好的阅读环境能激发幼儿的阅读兴趣，使幼儿喜欢阅读、有效阅读。因此，阅读环境的创设尤为重要。皮亚杰认为：幼儿的发展是在与主客体交互作用的过程中获得的。幼儿与客体环境的交互作用越积极、主动，发展就越快。

我们要为幼儿创造一个温馨、开放的阅读环境，充分利用幼儿园的各个区域和角落，从内到外，从功能场室到楼梯转角处，设置不同的阅读区域，幼儿可以根据他们的需要和喜好来选择活动区域。在灯光上，可采用柔和的吊灯或射灯，让人感到温馨、安静、舒适；在选择书架时，应选择可供幼儿自由拿取图书的矮书架，给予幼儿自主选择的空间；在阅读区里，可放置富有儿童趣味的小沙发、地毯、卡通靠垫等，让幼儿拥有温馨舒适、自在有趣、空间适当、相对安静的地方；在墙面环境上，可做一个新书介绍栏，张贴一些看图讲故事的语言图片，挂上幼儿阅读时聚精会神的照片或图片，为幼儿创设一种自觉学习的氛围；每天早晨入园、课间、餐后、午睡前等，都可以给予幼儿自由读书的时间，让幼儿自主选择图书阅读；也可以进行图书分享活动，设置一个表演的舞台，请个别幼儿当播音员，为大家讲一个好听的故事、朗读一首儿歌、表演一个广告、播放一则新闻等。通过各种丰富多彩的活动，培养幼儿的竞争意识，激发幼儿阅读和表现的愿望，提高幼儿的阅读兴趣和阅读能力。

三、提供丰富的阅读材料，激发幼儿阅读兴趣

不同风格、种类的书籍不仅能开阔幼儿的眼界，也能丰富幼儿的阅读范围。幼儿阅读图书主要是感官上的需要，应尽量选择一些语言美、形象美、色彩好、符合幼儿年龄特点的图画书。首先，内容应该贴近幼儿生活经验，这样幼儿才能根据生活经验去读懂、理解图书内容，从而获得贴近生活的经验。其次，内容要符合幼儿身心发展需求。最后，要根据幼儿的年龄特点摆放适合幼儿阅读的书。小班的幼儿主要通过看图和触摸等进行阅读，教师可以摆放不同材料的图书，如用木片、海绵等做的书籍，或立体的、造型各异的图书等；应

选择画面优美，内容、情节、语言简单，形象生动，图文并茂的绘本，以激发、调动幼儿的阅读兴趣。中、大班的幼儿可配备以培养识字兴趣为主的图书，一般可选择文字简练、常用字和重复句多的图书，内容上选择有利于丰富幼儿知识经验和提升幼儿阅读能力的图书。

（1）丰富多样的读本呈现在幼儿面前时，对于幼儿是一种很大的诱惑，能极大地激发幼儿的阅读兴趣。

（2）选择阅读材料的注意事项。

① 内容的多样化：可选择生活类、科学类、益智类、情感类等多样化的题材，帮助幼儿获得更多的知识与情感体验。

② 文体的多样化：可选择故事、儿歌、诗歌、古诗词等多样化的文体作品，同时应注重读物的趣味性、戏剧性、文学性，并定期更换读物。

③ 内容的层次化：教师需考虑到针对能力差异的特点来投放不同的材料，对于能力稍弱的孩子可提供文字少、内容简单的图书。大班幼儿正从读图的阶段慢慢进入了读字的阶段，可以在图书角放置一些图文并茂的故事书、《三字经》、朗朗上口的儿歌、故事识字等图书。

④ 形式的丰富化：可以为幼儿提供纸、笔、剪刀等让其自主制作图书，还可以提供指偶、讲述故事用的图片、字卡、录音机等，幼儿可以根据他们的阅读需要和喜好来选择阅读与表现方式。

四、建立明确的阅读图书规则

没有规矩，不成方圆。规矩是人们日常生活、工作、学习中必须遵守的行为规范和准则，良好的规则是一切活动的保障。而良好的行为习惯也建立在幼儿良好的规则意识和执行规则的能力上，阅读同样需要规则。大班的孩子虽然已经在幼儿园生活学习了两年，但规则意识和执行规则的意识还有待提高。

（一）共同制定阅读规则

把规则的制定工作交给孩子，和孩子一起去讨论有关的规则，如书本的摆放、借阅图书的要求、图书的修补方法、爱护图书的要求和方法等，写下来或者画下来贴在阅读区域，随时提醒孩子。

（二）根据情况更改操作规则

在阅读的过程中，教师和孩子要经常沟通阅读中出现的问题，并共同修改规则。

（三）设立图书管理员

让孩子轮流担任图书管理员，在增强孩子责任心的同时，也让孩子了解到规则的重要性，达到约束自己的行为、遵守规则的目的。

五、教给幼儿正确的阅读方法，使幼儿养成良好的阅读习惯

采取不同的操作手段，培养幼儿掌握正确的阅读方法。

（一）了解阅读的顺序

知道书本的页码，认识数字，了解看书是先看封面，然后从第一页开始按顺序逐页阅读。

（二）理解图片内容

能构建文字与事物的关系。在阅读中，故事丰富的形象、动人的情节深深地印在了幼儿的脑海里。教师可以让幼儿先自主看图说话，初步理解图片内容，然后再帮助幼儿逐页理解，了解完整的故事内容。在讲述完故事后，可以引导幼儿动手画故事情节，鼓励幼儿把自己听到的故事画成一幅一幅的画，装订成册，讲给老师、同伴、父母听，或投放到图书角里，供大家阅读、欣赏。还可以引导幼儿把自己想说的事画成一页一页的画，贴在一张张白纸上，发挥想象，画上背景，最后创编故事，让幼儿尝试做小画家、小作家，口述自己想说的故事，教师或家长帮忙配上文字，加上封底、封面，装订成册，在游戏活动的时候，可以同伴间相互介绍、交流自己的作品。

（三）养成专心致志读书的习惯

在看书的时候保持安静，不边看边玩，不受外界影响而分心。

（四）爱惜图书

在看书时轻柔地翻书，不在书上乱涂乱画，如遇图书破损，学习修补图书的方法，看完图书后把书归位放好。

（五）多鼓励幼儿

鼓励幼儿遇到不懂的问题时请教同伴或大人。

六、推动亲子阅读，营造温馨的阅读氛围

家园共育是实施教育最有效的手段之一，幼儿阅读兴趣的培养离不开家庭的配合。我们鼓励家长和幼儿坚持每天一起阅读，定时、定内容指导孩子讲故事、朗读诗歌等，共同分享阅读的快乐，也鼓励家长带领孩子到幼儿园图书馆借阅图书，或者开展"图书漂流"活动，让幼儿每周从班级中借阅图书回家共同阅读，交流各自的感受，讨论故事情节，在交流过程中加深对读本的印象，开启思维、积累语言，提高阅读兴趣的同时增进亲子关系。此外，鼓励家长有意识地带领孩子参加购书节，参观图书馆，到图书馆、阅览室、书店等地方阅读，感受浓厚的阅读氛围，为阅读活动打下良好的心理基础。同时，家园要紧密联系，设立家园借书卡、读书计划表，录制读书视频或音频，开展亲子读书秀，请家长到幼儿园做经验介绍，参加"妈妈讲故事"活动等，增强阅读趣味性。

总之，良好的习惯使孩子终身受益。为幼儿创设良好的阅读环境，培养幼儿早期阅读的能力，把阅读活动建立在他们感兴趣的基础上，抓住3～6岁语言发展和书面语言学习的关键期，让孩子爱上阅读、学会阅读，为幼儿的终身学习奠定良好、坚实的基础。

参考文献

[1] 朱鸿菊.幼儿早期阅读能力培养浅探 [J].学前教育研究，2007（3）：35.

[2] 孙秀荣.幼儿早期阅读的特点及指导策略 [J].幼儿教育，2000（7）：9-10.

[3] 蒙台梭利.幼儿语言教育 [M].上海：上海市第二军医大学出版社，2004.

在教学活动中培养大班幼儿良好的学习习惯

广州市白云区人和镇蚌湖幼儿园　刘翠兰

我国著名教育学家陈鹤琴先生说：习惯养得好，终生受其益；习惯养不好，终生受其累。从教育学上来讲，教育就是习惯的培养，我们所说的培养幼儿良好行为习惯的教育，就是养成教育。养成教育的内容非常广，有文明礼貌、学习、劳动、卫生、语言、思维、观察、倾听、阅读等习惯的养成。陈鹤琴先生还说：人类的动作十分之八九是习惯，而这种习惯又大部分是在幼年养成的。所以在幼年时代，应当特别注意习惯的养成。

一、定义

（一）学习习惯

习惯就是经过不断练习慢慢形成的、固定下来的思维模式或行为习惯。学习习惯就是在长期的学习实践中，养成那种自然而然、有规律的学习习性。

学习习惯一旦养成，便会以情不自禁、不期而至的方式持续下来，犹如物理学中的惯性力量。良好的学习习惯是一种自觉的学习行为，因而能提高学习效率。

（二）教学活动

根据《广东省幼儿园一日活动指引（试行）》，幼儿园一日活动主要包括生活活动、教学活动、区域活动、户外活动等环节。

教学活动是教师根据幼儿的年龄特点，有目的、有计划地引导幼儿生动、活泼、主动发展的教育过程，是幼儿获得新经验的重要途径之一。

二、大班幼儿养成的学习习惯

到了大班就是一个转折点，幼儿从以游戏活动为主的幼儿园生活慢慢过渡到以学习活动为主的小学生活，在这一时期需要强化对幼儿学习习惯的培养。

（1）养成能集中注意力观察感兴趣的事物20分钟以上和乐于观察的习惯。

（2）养成安静地集中注意力听20分钟左右，不随便乱插嘴的良好倾听习惯。

（3）养成大胆表达自己的意见，敢于提出自己不懂的问题的大胆发言的习惯。

（4）养成逐页翻看图书，按图片顺序看，并能把大概意思复述下来的阅读习惯。

三、如何在教学活动中让大班幼儿养成良好的学习习惯

陶行知先生说：凡人生所需要的习惯、倾向态度，多半可以在6岁以前培养成功，6岁以前是人格形成的重要时期，这一时期培养得好，那么习惯养成了，不易改；倾向定了，不易移；态度绝了，不易变。那么，如何在教学活动中让大班幼儿养成良好的学习习惯？

（一）养成幼儿集中注意力和乐于观察的良好习惯

观察是孩子获取周围世界信息的源泉，是孩子认识世界、增长知识的开端，观察力的培养和发展对孩子自主探索学习具有重大意义，是智慧开启的重要能源。因此培养孩子良好的集中注意能力和乐于观察的习惯尤为重要。

在教学活动中要利用幼儿感兴趣的方式，集中幼儿的注意力和观察能力。例如，故事《没有牙齿的大老虎》的教学，在活动开始之前，老师用肢体语言表现瘪嘴老虎的样子吸引幼儿的注意力，让幼儿观察这是一只怎样的老虎，老虎为什么会变成这样。然后利用声画并茂的课件集中幼儿的注意力，并让幼儿带着问题认真倾听故事，在此过程中不断强化幼儿的好奇心，同时也促进了幼儿注意能力和观察力的提高。又如，讲述活动"战胜大灰狼"，我们利用多媒体课件给幼儿展示了一段动画场景：一个茂密的森林里，一只可爱的小兔正在

采蘑菇，一只凶猛的大灰狼在大树的后面盯着小兔，小动物们齐心协力帮助小兔战胜大灰狼。孩子们聚精会神地认真观察，这样的活动既集中了幼儿的注意能力，又培养了幼儿观察的习惯。

（二）养成幼儿良好的倾听习惯

《3～6岁儿童学习与发展指南》在语言领域中指出：在集体中能注意听老师或其他人讲话。良好的倾听能力是以后的学习事半功倍的前提。在教学中，我们经常和幼儿一起谈论他们感兴趣的话题或一起看图书、讲故事，引导幼儿学会认真倾听别人的讲话。例如，语言游戏"我是一个木头人"，我们要求孩子认真听指令，听完后根据指令做出正确的回应，一轮下来没有听错指令的给予适当的奖励。除了教学活动之外，我们还利用餐后的讲故事时间，训练孩子的倾听习惯，如每讲一个故事后，我们就会根据故事中的情节提问，答对的小朋友就奖励他一个超棒小宝宝的图标，写上他的名字，由他自己贴到表扬栏里。要是有小朋友可以复述出故事内容，不仅奖励他图标，还会抱抱他、亲亲他、夸夸他，让别的小朋友羡慕不已，也因此调动了他们的学习积极性。每天10分钟左右，既锻炼了孩子们的倾听能力，又锻炼了他们的说话能力，还丰富了他们的语汇储备。

（三）养成幼儿大胆发言的习惯

《3～6岁儿童学习与发展指南》在语言领域中指出：5～6岁幼儿愿意与他人讨论问题，敢在众人面前说话。教师要为幼儿创设说话的机会，并让其体验语言交往的乐趣。孩子的天性里就有强烈的表现欲望，有的孩子之所以在学习中不喜欢发言，主要是因为心理因素。第一个原因是他们胆怯，不敢在人多的地方讲话，害怕讲错；第二个原因是紧张，话在口中，不知道怎样去表达；第三个原因是不发言已成为一种习惯，习惯不举手回答；第四个原因是举手几次没被请到，就索性不举了。

针对这样的情况，在日常教学中，我们常常为幼儿创设一个宽松的语言环境，让幼儿大胆表达自己的意愿，培养幼儿大胆发言的习惯。例如语言活动"谁在哭"，教师为小兔、小狗、小猫哭的图片分别创设不同的情境，让幼儿观察和分析小动物为什么哭，在观察和分析中幼儿有了说的机会，在愉快的气氛中巩固了新学的"因为……所以×××就哭了"的句式。在这样宽松的氛围中，幼儿产生了强烈的说话欲望，减轻了心理负担。在日常生活中，我们还会采取多鼓励、多表扬、少批评的方法，鼓励每个孩子大胆举手发言，积极参与讨论和回答问题，对进步的孩子给予肯定，让孩子感到举手发言和被表扬的喜悦，无论回答正确与否，都肯定他举手发言是非常棒的。在每个活动中，我们都会适时利用大拇指、小贴纸或赞赏的表情、语言、动作等，时时激励孩子大胆举手发言，反复进行正面强化，日复一日，慢慢地，孩子们爱上了发言。

（四）养成幼儿良好的阅读习惯

有人说过："阅读是一种终身教育的好方法。"培养幼儿良好的阅读习惯，是为大班孩子进入小学阶段的学习奠定基础。阅读能让孩子静下心来仔细倾听和观看，在阅读过程中孩子能集中注意力。如果这个习惯养得好，孩子终身受益。

大班幼儿已有了初步的阅读能力，为了培养孩子良好的阅读习惯，在教学中，我们通常会这样做：①为孩子创设丰富、生动的阅读环境，激发其阅读兴趣。②为孩子选择画面内容健康、生动、活泼的阅读材料。例如，《彩虹色的花》页面色彩暖和、温馨，表述的故事非常温馨。又如，《鳄鱼怕怕牙医怕怕》绘本对鳄鱼和牙医的心理活动的描写深深吸引了孩子们。③引导孩子有序阅读，认识图书的封面、封底、内页，学习从头到尾一页一页地看一本书。④引导孩子对全书进行概括，阅读时学会对前后画面的变化部分进行比较观察，寻找出相同点或不同点，分析背景图与角色之间的关系，从中学会分辨好与坏、善与恶、美与丑，从而提高阅读能力。在这样的氛围中，孩子们养成了良好的阅读习惯。

好习惯的养成需要醒悟—改变—反复—巩固—稳定的过程。所以，刚开始不需要着急，一点一滴地坚持，只要不动摇，朝着一个方向不停止，坚持行动，就有了习惯的雏形，再一点点坚持，习惯就形成了。孔子说："少成若天性，习惯如自然。"巴金先生说："孩子成功教育从好习惯培养开始。"教师应是幼儿生活的支持者、合作者、引导者，好习惯的养成不是一日之功，而是一个循序渐进的过程，它不是孤立的，是贯穿各领域学习之中相辅相成的，在教学过程中，教师应灵活机动，合理安排教学内容，以期达到教育目的。

参考文献

［1］中华人民共和国教育部.幼儿园教育指导纲要（试行）［M］.北京：
    北京师范大学出版社，2001.

［2］中华人民共和国教育部.3～6岁儿童学习与发展指南［M］.北京：首
    都师范大学出版社，2012.

［3］孙德龙.微课在职教公共英语教学中的应用探讨［J］.中外交流，2018
    （32）：95-96.

如何培养幼儿形成良好的自我评价习惯

广州市白云区江高镇中心幼儿园　李见友

《3～6岁儿童学习与发展指南》中明确指出："幼儿在活动过程中表现出来的积极态度和良好行为倾向是终身学习与发展所必需的宝贵品质。"叶圣陶先生也说："教育就是习惯的培养。"由此可见，培养幼儿良好习惯是非常重要的。对于幼儿园的小朋友，要培养孩子守纪守法、勤奋好学、自我约束、自我评价等方面的好习惯。自我评价是众多行为习惯中的一个，自我评价这个习惯很重要，但是现在的幼儿大部分不能够正确、客观、全面地评价自己，有些家庭对孩子实行以表扬为主的评价，对小朋友一味地肯定，使小朋友自视甚高；有些小朋友将现实的我和理想的我混淆，对自己的评价过高；也有些小朋友存在自负和自卑的心理，过低地评价自己；还有些小朋友对自己的评价比较抽象和笼统，对自己的评价就只有"好或不好"。所以，我们要让幼儿养成正确的自我评价习惯和能力，具体方法有以下几种。

一、公平对待幼儿，让幼儿成为评价的主体

我们作为教师，不能够因为幼儿美或丑、聪明或迟钝而区别对待幼儿，对待幼儿要公平公正、一视同仁。在日常生活中，教师要及时对幼儿的一些行为做出肯定：你真好、你真棒……让幼儿心情开朗，产生积极向上的态度。除了教师对幼儿的评价外，我们还要有意识地让幼儿成为评价的主体，让幼儿评价自己、评价同伴，因为同样的评价由同伴来说时，他们会有强烈的认同

感。评价的主体会影响评价效果，所以在活动中，我们应该让幼儿成为评价的主体。

为了培养幼儿良好的生活习惯，我将我班小朋友平日的行为习惯拍摄下来，如拍下小朋友排队喝水的画面，拍下小朋友洗手后关水龙头的画面，拍下小朋友洗手后擦手的画面，拍下小朋友进餐使用筷子的画面……之后在"我是好娃娃"的谈话中，我将这些录像播放给他们自己看，看到自己出现在电视上，小朋友们都非常感兴趣，对小朋友的行为议论纷纷，都能正确评价自己及其他小朋友的做法，而且还能说出原因。这个活动后，小朋友洗手后都能够关紧水龙头并能够及时拿纸巾擦手，也会回到座位坐下后再喝水……小朋友通过直观地观看自己的各种行为习惯，再通过评价自己和评价他人，总结出原因，纠正自己的行为习惯。

二、让幼儿学会正确的自我评价方法

德国著名作家约翰·保罗说过："一个人的真正伟大之处就在于他能够认识到自己的渺小。"自我评价对幼儿的身心发展具有重要的意义。幼儿的自我评价是指幼儿根据一定的评价标准，对自己的所作所为做出分析和判断，并对自身的行为进行自我调节的活动。我们让幼儿学会自我评价，对于激发幼儿的学习动机，提高幼儿的学习习惯，改善学习状况，提高学习效率有很好的效果，我们要为幼儿搭建可以展示的舞台，让幼儿正确评价自己，以下是我园开展这个活动的一些方法。

（一）新闻报道会

每天午饭前，我们都会组织小朋友进行谈话活动，我们将这个活动命名为"大三班新闻报道会"。刚开始的时候，我们是请小朋友把当天我们班上或者幼儿园内发生的事在大家面前说一说，然后让小朋友说一下自己的想法和对这些事件的看法。刚开展这个活动的时候，教师做主持人，用采访式的方法对小朋友进行引导式提问，从一问一答到几问一答，慢慢地，幼儿的口语表达能力、思考能力逐步得到提高，评价的方法、内容也逐渐丰富起来。一段时间后，我们让幼儿自己做主持人，让幼儿自己尝试对大三班甚至幼儿园的事件进行评价。"大三班新闻报道会"这个活动不仅给我班的幼儿提供了一个表达意见、表现自我的机会，提高了幼儿的口语表达能力，还可以让幼儿根据行为准则等一定的规则和标准准确地评价自己，让幼儿在讲讲评评中认识到自己的缺点，从而促进幼儿真正学会评价自己。

（二）我的本领大

"我的本领大"：我会讲故事，我会唱歌，我会跳舞，我会画画……每周一的下午，就是我班小朋友的本领交流大会。我让小朋友向同伴介绍和展示自己的才干，内容包括讲故事、唱歌、跳舞、画画、运动、做手工等各个方面，这个活动可以让幼儿在与同伴对比的情况下，更快、更准确地认识到自己的优点和缺点，逐渐懂得客观公正地评价自己。幼儿在进行自我评价的同时，还对同伴做出评价，我们也可以帮助和引导幼儿明确自己的能力定位，并提出今后努力的方向。

三、家长学会正确评价自己的孩子

习近平总书记在第一届全国文明家庭表彰大会中强调："家庭是人生的第一个课堂，父母是孩子的第一任老师。"父母是幼儿自我评价的关键因素，能影响孩子的发展方向，让孩子做出积极的或消极的自我评价。因此，我们在指导家长对孩子的评估方面也做了一些尝试。

（一）树立终身学习观，要做称职的家长

许多家长都是在做了父母之后才开始学习怎样教育孩子，并根据自己孩子出现的各种问题，从旁人的经验介绍中和从网上搜索教育方法来教育孩子。初为人父，初为人母，肯定会有手忙脚乱、照看不到、有心无力的时候。为了家园合力，我园加强和家长的联系，建立了班级微信群和QQ群，为家长推送各种新的育儿理念，也让家长在群里分享育儿心得，探索好的育儿方法，让家长从被动学习转为主动学习，并且树立终身学习的观念，用推陈出新的知识和理念，结合孩子不同时期的学习需要，给孩子营造温馨和谐的家庭成长环境。

（二）准确评价孩子，不要随便给孩子贴标签

美国心理学家贝科尔认为："人们一旦被贴上某种标签，就会成为标签

所标定的人。"家长作为孩子的第一任教师，在孩子心目中的地位很高，孩子们对家长很信服，如果家长随便给孩子们"贴标签"，后果就是孩子们会向"标签"所标示的方向发展。所以，我们要求家长在对待孩子的问题上摆正心态，在孩子犯错的时候，心平气和，和孩子一起找出原因，因为这个时候往往是孩子最害怕、最慌乱、最需要人关心的时候，他们需要的是家长的关怀和鼓励，家长要给孩子指明正确的方向，和孩子讲清楚道理，而不是乱给孩子定位。

（三）巧用激将法

我们要求家长在教育孩子的时候，采用积极的鼓励方式，激发孩子的竞争精神，激发孩子的潜能，从而取得良好的教育效果。在激励中成长起来的孩子，性格开朗，活泼自信。但是，激励要讲究艺术性，要充分考虑到孩子的实际，把握好火候，因人而异，有的放矢，最好是让孩子能够"跳一跳，够得着"，如果目标设置得太高，孩子经过努力也够不着，结果可能会适得其反。

（四）放大孩子的优点，弱化孩子的缺点

世界上没有十全十美的人，孩子们身上有缺点也是很正常的，家长要正确看待孩子的缺点，给予孩子进步的信心与动力。如果我们盯住孩子的缺点，不停地去指责孩子，只会让孩子的缺点越来越多，就像《白纸上的黑点》里说的，那么大的一张白纸，我们干吗要盯着那一个小黑点，却对整张白纸视而不见呢？我班的妍妍是一个文静可爱的小女孩，妍妍的妈妈是一个舞蹈培训班的老师，妈妈让妍妍跟她学舞蹈，但妍妍的乐感和动作都不理想，妈妈还老是把妍妍和培训班的一个小姐姐进行比较，妍妍在妈妈的要求下一天比一天沉默。妍妍妈妈向老师寻求帮助，我们让妈妈想想妍妍有没有其他的优点，妈妈说，妍妍很喜欢画画，她的画很漂亮，很有意境。我们让妈妈先把妍妍的舞蹈放下，不要再强求妍妍去学习舞蹈，让她关注一下妍妍的画，让妍妍专心学画画，经过半年的时间，妍妍的画越来越好，还经常参加区里的比赛并获奖。所以，我们要发现孩子身上的优点，放大孩子的优点，弱化孩子的缺点，及时肯定孩子取得的进步，这样，孩子就会越来越自

信，越来越懂事。

（五）尊重孩子，少说缺点

尊重是教育的前提，孩子虽然小，但也同样需要被尊重。有些家长不懂得尊重孩子，孩子做了错事，不分场合就大声打骂孩子，想说什么就说什么，反复唠叨和数落孩子，这样很容易伤害孩子的自尊，还会让孩子产生逆反心理，影响孩子的个性发展。浩浩是我班的一个小男生，人很聪明，就是比较调皮，是"人来疯"。爷爷生日那天宴请的客人比较多，浩浩在宴客厅到处跑，撞倒了一位准妈妈，爸爸抓住浩浩，破口大骂，还给了浩浩一巴掌。事情的后遗症有点大，浩浩不肯亲近爸爸了，爸爸来接浩浩放学，浩浩不肯跟爸爸走。我们老师一边和家长反复沟通，一边给浩浩做思想工作，爸爸和浩浩终于认识到自己的错误，爸爸和浩浩握手言和了。所以，我们要求家长不要在人多的场合批评或指责孩子，更不能经常对孩子做出负面评价，要多给孩子以正面评价，家长还要注意评价的技巧，把自己融入孩子的世界中，时刻保护孩子的自尊，鼓励孩子的信心，给孩子留足面子。另外，家长不要对孩子犯的一些错误纠缠不放，难得糊涂，该装糊涂的时候要装糊涂，有弹性的教育才是科学的教育。

四、结语

让幼儿培养和建立良好的自我评价对其一生的成长与发展影响巨大，能够让幼儿很好地认识自己和他人，所以我们要从小就培养幼儿的自我评价能力。我们从教师、幼儿自身、家长三个方面一起为幼儿的自我评价努力，取得的成果是明显的。但幼儿的自我评价培养模式多样，在下一阶段我们要重视幼儿在评价中的主体地位，鼓励幼儿对自身进行深入思考，继续为幼儿创设安全、关怀的评价环境，并在各领域中有机渗透自我评价，促进幼儿自我评价能力的更好发展。

参考文献

［1］教育部基础教育司.《幼儿园教育指导纲要（试行）》解读［J］.南京：江苏教育出版社，2002.

［2］中华人民共和国教育部.3~6岁儿童学习与发展指南［M］.北京：首都师范大学出版社，2012.

［3］耿晓燕.大班幼儿自我评价研究［M］.西安：陕西师范大学出版社，2009.

家庭教育中培养幼儿良好学习习惯的几点看法

广州市白云区江高镇中心幼儿园　欧阳少琴

　　我们经常会听老一辈的人说"三岁定八十"，也就是说，孩子在小的时候父母引导不当，会影响孩子以后的发展；相反，在孩子小的时候就注重各方面的培养，对孩子以后的发展有很大的帮助。幼儿期是培养幼儿良好学习习惯的关键期。我是一名幼儿教师，也是两个孩子的母亲，在这方面有很大的感触。在教养第一个孩子时，没有太多的经验，年纪轻，没有很多的耐心去教养孩子，很随意，她喜欢什么就尽量满足她，不管是错或是对，只要她开心就可以了。慢慢地，孩子就养成了很多不良的习惯，后来发现不对劲了，想去改变她这种习惯真的太难了。比如，讲粗口是一种很不文明的行为，在孩子小的时候觉得孩子模仿大人说话时的语气和表情都很可爱、很可笑，并不认为这是不好的语言行为。随着时间的推移，小孩讲粗口已成为习惯，到幼儿园上学了，经常会受到老师的批评，这时才意识到自己没有正确地引导孩子，让孩子向不好的方向发展了。在教养第二个孩子时，经验丰富了，在很多方面都很注重培养孩子，特别是在学习习惯方面，会更用心地去培养她，为她以后的学习打下坚实的基础。那么，从哪些方面去培养孩子良好的学习习惯呢？我从中总结出了一套经验，以供广大教师、家长参考。

一、善于观察

　　幼儿因受年龄的限制，注意力很容易分散，他们只有对某件事或某件物品产生浓厚兴趣才会集中注意力去观察，所以观察往往会受到兴趣的影响。因此，家长要从幼儿的兴趣出发，刺激幼儿主动地学习。例如，带孩子到户外活动时，如果我发现花坛中有一只蚱蜢，就会大声叫："孩子快过来，看看这是什么？"孩子听到我说的话就立即跑过来，很好奇地去观察，并说："妈妈，这是什么呀？它会咬人吗？"我抓住孩子的好奇心，逐一回答孩子的话，还引导孩子观察蚱蜢的形象，认识昆虫的主要组成部分，还让宝宝知道蚱蜢是害虫，要消灭它。良好的观察力并不是与生俱来的，是需要后天训练的。幼儿的观察力往往是在日常生活、游戏、学习活动中，经过家长、教师的精心引导和培养，逐步形成和发展起来的。观察能力越强的幼儿，越能发现事物的本质和事物不明显的特征。当孩子学会了观察，就学会了思考问题，在思考问题中能学到很多课外知识，丰富阅历。所以，家长要多利用假期带孩子到外面去接触大自然和社会，让孩子到大自然中去观察，说说自己观察到的东西和自己的感受。比如，晚上在户外散步时，可以引导幼儿观察月亮的变化："为什么月亮有时是弯弯的，有时是圆圆的？""什么时候月亮是最圆的，什么时候月亮是最弯的？""唉，今天为什么没有月亮呢？"让幼儿在生活中寻找答案，形成规律。又如，"在灯光下，会出现什么？""小影子是谁的，大的影子又是谁的？""为什么妈妈的影子比你大？""为什么我的周围有两个影子？"提出类似的问题，引导孩子去观察影子，从而激发孩子对影子的兴趣。孩子有探索的欲望，渐渐地就会养成良好的学习习惯。

二、善于倾听

与观察相比，倾听更为关键。倾听能够让幼儿在活动中主动与他人进行交谈和互动，建立良好的社交关系。所谓倾听就是仔细地、认真地听他人说话，理解他人说话的意思。但有些家长认为，孩子的倾听能力是自然而然形成的，长大了自然就学会倾听了。当孩子打断你与他人的谈话，或是与孩子说话，孩子东张西望不专心倾听时，你只会责骂孩子或责备孩子没有礼貌，而不是教给孩子应该如何做。久而久之，孩子就会对别人说话不感兴趣，不愿意倾听或不会倾听了。还有一种极端的做法就是，家长太过于以孩子为中心，认为孩子插话是聪明能干的表现，不仅不予以教育矫正，反而褒奖有加，以致孩子愈加不会倾听。有些教师与家长在和别人交往、和孩子交谈时不注意、不懂得倾听，耳濡目染，孩子也在无形中习得了这种不良的习惯。作为家长，应该如何帮助孩子培养良好的倾听习惯或帮助孩子纠正不良的听讲习惯呢？可以从以下几个方面尝试。

（一）学会倾听，培养孩子倾听的好习惯

孩子的很多习惯都是从父母那里学到的。我们要求孩子听别人说话，首先自己要学会听的本领。因此不管多忙，也不管孩子的话多难听懂或是多么幼稚，父母都应该停下手中的事情，蹲下身体，用眼睛看着孩子，认真地、耐心地听孩子把话说完，并有所表示，这样孩子就会得到一种满足感，感受到快乐，这也是一种极好的示范。

（二）称赞表扬，鼓励孩子养成倾听的习惯

孩子最喜欢得到别人的表扬，尤其是家长的表扬和称赞。这是孩子学习的动力。在日常生活中，孩子如果能做到认真听别人讲话、不随意打断别人的讲话、不急于表达自己的想法，能用自己的观点去理解别人讲话的意思时，家长就应及时地表扬孩子、称赞孩子，让孩子在表扬和称赞中养成倾听的好习惯。

（三）具体指导，培养孩子学会倾听

对于孩子来说，他们的认知水平有很大的局限性，大的道理他们都懂，但具体怎么做就不清楚。作为家长，我们要具体告诉他们，上课的时候要集中注意力，眼睛要看着老师，脑袋要记住老师讲课的内容，第一时间完成老师布置的课堂练习和作业。家长在辅导孩子做作业时，可以让孩子试当"小老师"，先让孩子说说今天老师讲了什么内容，然后根据孩子的具体情况有目的地指导，这样可以激发孩子的学习兴趣，还可以帮助孩子把知识掌握得更好、语言表达能力更强，一举多得。

三、主动学习

学习是小学阶段的主导活动。但在工作中，常常听到有家长说：我的孩子不会学习，只需要几分钟就能做完的作业，他竟然用了30分钟，有时甚至1小时还没有完成。这种学习的表现，究竟因为什么呢？

（一）造成不主动学习的原因

1.自我控制能力缺乏

由于孩子的年龄小，很多方面的成长还很不成熟，不能控制自己的行为，在做作业时，很容易受到外面因素的干扰。比如家里玩具比较多，孩子就会看着玩具，而不能专心地学习。他们一会儿摸摸这件玩具，一会儿摸摸那件玩具，尤其是家长还播放着电视，对孩子更是一种巨大的吸引，以至于孩子不能专心学习。

2. 时间观念没有建立好

时间对于孩子来说是比较抽象的，孩子没有太多的时间观念，而且孩子的生活经验不足，对于做完作业需要多长时间并不在意，认为只要做完了就可以了。于是在做作业时，会出现边写边玩的情况。有些孩子的时间全部由家长安排，什么时候睡觉、什么时候起床、什么时候写作业等，根本就不用孩子操心，长期下去，孩子的时间观念就更没有了。

3. 良好的学习习惯没有养成

在幼儿园的时候，家长由于不重视，也没有意识或者工作很忙、不想管，对于孩子的作业能完成就完成，不能完成也没有理会，没有很好地指导孩子，从而导致孩子没有养成准时完成作业的习惯，也没有养成专心做作业的习惯。

4. 存在依赖心理

许多家长从幼儿园就开始全程陪读，不让孩子输在起跑线上，孩子的学习和生活全部在家长的掌控之中，全部都由家长安排，有时候怕孩子做得慢，家长把作业的答案说出来，让孩子直接写，随着时间的推移，孩子就形成了依赖心理，做作业时离不开家长的陪伴。

（二）形成主动学习的方法

1. 遵循习惯培养的科学性

习惯培养是一个持之以恒的过程，家长应学会不断地"帮、扶、放"。在学习习惯开始形成时，家长适当地给予指导和鼓励，并抽出时间陪孩子写作业，这是很有必要的。当孩子学会了一定的学习方法后，就可以适当地放手，让孩子尝试自己完成作业。但这时家长不能完全放手，仍要随时关注，发现有不良的行为或者问题时，应及时提醒，甚至帮助解决问题，这就是所谓的"放"。当孩子真正养成了习惯后，家长就可以完全放手，让孩子自然形成自主学习的好习惯。

2. 增强孩子的时间观念，制定时间作息表

年龄越小，时间观念越差，在幼儿园时期，我们就要加强对孩子时间观念的培养，每做一件事时，都和孩子说说现在是什么时间，如什么时间起床的、什么时间上学的、什么时间吃饭的，让孩子对时间有初步的认识。随着孩子年龄的增长，我们可以和孩子一起商量制作一个生活作息表，提高孩子的时间观念。到小学后，就开始与孩子计算每一项作业大致需要多长时间来完成，然后不断修改学习的时间，随着时间的推移，孩子对时间的掌握就会越来越好。

3. 营造良好的读写环境

当孩子在写作业时，家长要给孩子营造一个良好的读写环境。比如，那些与学习无关的东西，都不要放在孩子的视线范围内。又如，孩子在做作业时，家长千万不要在旁边与别人说话，或看电视、吃东西等，干扰孩子，让孩子在安静的环境中一气呵成地做完作业，做完后还要提醒孩子把作业检查一遍，以防错漏，让孩子养成细心做事的好习惯。最后，还要鼓励孩子收拾好课本，将文具放入书包内，学会收拾的本领。对于孩子的进步，我们一定要多表扬、多鼓励。只有这样，孩子才能逐步养成良好的学习习惯。

4. 让孩子产生学习自信心和成就感

孩子的自信心和成就感来源于家长的鼓励与表扬，只有孩子对自己充满了信心，才能够充分地表现自己，成为一个优秀的人才。如果家长经常说孩子不好的地方或做错的事情，孩子会对自己失去自信心，对自己的能力有所怀疑。所以，当孩子有小小进步时，我们要及时表扬和肯定，让孩子看到自己通过努力得到的成绩，从中体验学习的乐趣，对自己做事充满信心，相信自己日后会取得更大的进步和提高。但孩子有一定的个体差异，凡事都要讲究循序渐进的方法，不能急于一时，给孩子心理造成很大的压力。作为家长，我们要学会发现孩子身上的优点和缺点，优点我们要加以利用和鼓励，缺点就轻巧带过，让孩子知道父母的着重点，随着父母的意愿去做，得到父母的肯定，体验成功带来的感觉，并积累成经验。

四、勤于阅读

阅读对一个孩子的成长实在太重要了！阅读可以让孩子了解世界，增长见识，改变人生。成功人士往往都是从阅读中得到成长的力量的。其实，我们都知道，孩子变得聪明不是靠补课和增加作业量得来的，而是通过阅读、再阅读而来的。所以，一个勤于读书的孩子也许现在的成绩不是最好的，但是将来的发展一定最好。但目前很多孩子受电视、电脑和网络媒体的不良影响，经常疏于阅读，甚至对阅读不感兴趣。作为家长，应该怎么办呢？

（一）激发孩子的阅读兴趣

阅读是学习的基础，如果孩子对阅读感兴趣，从阅读中会学到很多课堂上没有的知识，他也会乐在其中。首先，家长与孩子一起阅读，一起分享阅读中的趣事和好处。比如，让孩子说说读过的书有什么有趣的事，自己有什么感想，让孩子觉得读书原来是一件好玩的事情、一件让人感到愉悦的事情，让他们在快乐中阅读，经常阅读，在阅读中享受快乐。在讲故事或写作文时会引用许多好词好句，这样老师会给予很高的评价，从而获得高分，当孩子拿到成绩表时，大力地表扬与肯定，孩子就会对阅读更感兴趣了。

（二）教给孩子阅读的方法

孩子年龄较小，有很多字不认识，需要家长的陪伴和指引。当孩子发现有不认识的字或词语时，家长可以随口告诉孩子怎么读或者引导孩子根据上下文来理解，也可以教孩子通过查字典的方法来认识字，让孩子在轻松的环境下阅读，养成整体阅读的习惯。如果怕孩子不懂，家长又没有太多的时间辅导，也可以选择有拼音的读物让孩子自己独立阅读。另外，不要给孩子太大的压力，以免增加孩子的学习负担，不要在孩子阅读后就急匆匆地问孩子学会了什么，这样会让孩子觉得阅读是一种负担，失去对阅读的兴趣。

（三）创设良好的读书氛围环境

环境的好坏会直接影响学习的效果，读书的环境应该是安静的、舒适的，当我们走进阅览室或图书馆时，都会看到有一个安静的标记提醒我们，我们会不由自主地遵守规定，坐下来静心地阅读，营造出浓厚的阅读氛围。作为家长，在家庭里也应该创设安静舒适的读书环境，让家庭弥漫读书的气息。例如，为孩子准备一间书房或者一个书柜，摆上孩子喜欢的书，甚至在孩子的床上、桌上都摆上书籍，让孩子随时随地都可以阅读。当孩子读书时，家长不应该看电视、与人说话，不玩手机、电脑，保持安静；在孩子看书时，家长也可以看些报纸、书刊，或者看看孩子喜欢的书籍，有机会和孩子一起讨论书中有趣的事物和相互说说自己的感想。孩子看到自己的父母也在阅读，自然就会投入心思专心阅读。在双休日或假期，家长也可以带孩子到书店或图书馆走走看看，感受图书馆里浓浓的读书氛围，有经济条件的家长可以为孩子购买喜欢的书籍，让孩子自然而然地喜欢上读书。

以上是我个人在教养孩子时得到的启发，希望对大家有所帮助，愿我们的孩子都能有一个美好的明天！但我还是要着重说一句，习惯的养成一定要从小抓起，好的习惯会伴随孩子一生。孩子养成好习惯后，对于日后的学习和生活，我们会很轻松应对。

参考文献

［1］教育部基础教育司.《幼儿园教育指导纲要（试行）》解读［M］.南京：江苏教育出版社，2002.

［2］吕萍.为了每个幼儿的健康成长：纪念中国幼儿教育百年学术论文集［J］.幼儿教育，2004（1）：38.

试论在一日生活中培养大班幼儿
良好的学习习惯

广州市白云区人和镇中心幼儿园　苏建仪

幼儿良好学习习惯的形成是受多方面的因素影响的，各种习惯不是天生就有的，而是经过后天的生活、学习以及受周围环境的影响慢慢形成的。同时家长、教师以及周围的人也会对孩子有所影响。俗话说得好，养成好的习惯，终身受益，养成不好的习惯，一直会影响以后的生活。《三字经》中有一句话"性相近，习相远"，就说明了后天教育和培养是十分重要的。学习习惯培养好了，孩子就会喜欢学习、学会学习，就会提高学习效率，就会在学习、生活中不断增长知识、全面发展。

大班幼儿即将进入小学生活，因此，为他们今后的学习奠定良好的基础，就必须注重培养幼儿良好的学习习惯、学习品质。那么，在大班阶段我们应该如何培养幼儿良好的学习习惯呢？下面我将从以下五个方面进行阐述。

一、创设良好的环境有利于培养幼儿的良好学习习惯

大家都听过"孟母三迁"这个典故，该典故诠释的就是环境对人的影响。孩子的行为习惯会受周围环境的影响，不仅会影响幼儿的学习，而且会影响幼儿的品质。优质的学习环境需要我们一起来创设，如人与人之间和谐交往的环境、干净舒适的活动室等。打造优质的学习环境，我们可以从活动室环境、区

角环境、墙面环境入手来进行创设。首先，班级里各种物品要摆放整齐，通过图片、文字的提示，让幼儿懂得，拿取物品时要轻拿轻放，按标记摆放，减少不必要的噪声。其次，在进行区域活动或休息时，可适当播放轻音乐，让音乐来告诉幼儿在活动室活动要安静、有序。最后，每月的教学主题墙与幼儿一起创设，通过营造优质的学习环境，让环境感染幼儿，使幼儿在自然而然中习得良好的习惯。

二、培养幼儿自我管理的学习习惯

3～6岁是幼儿各种行为习惯培养的重要阶段。小、中班的幼儿基本上具备了良好的生活习惯，也有一定的常规，初步能控制自己的行为，但自我管理能力还比较欠缺。因此，好的学习习惯离不开自我管理能力的培养，大班孩子应该加强学习。

（一）学习用具的自我管理

1. 整理自己的学习用品

大班幼儿的书包里都会放很多物品，包括绘画本、图书、蜡笔、文具盒等。幼儿把什么东西都往书包里塞，当打开书包时，发现书包里的东西放得乱七八糟。我们可以向幼儿提出具体的要求，同时还要家园配合，让家长在家多提供机会让孩子自己整理书包，使孩子养成管理自己物品的好习惯。

2. 学会管理集体的学习用品

班级里有各种各样的学习用品，如剪刀、油性笔、蜡笔、橡皮泥、画纸、铅笔、学具盘、白乳胶等。我发现在开展美术活动时，总会看到一些蜡笔和剪刀、废纸等没有按要求收拾好；在区域活动或数学操作时，经常会看到玩具或学具掉在地上或乱放。针对这些情况，我与幼儿进行交流，让他们轮流当小组长，管理自己组的学习物品，经过一段时间的实践，他们都有很大的进步，能够自己管理班级的东西了。

（二）学会合理地安排时间

幼儿进入小学后，时间上跟幼儿园有所不同，教师要给幼儿创造独立安排时间的机会，如幼儿上美术课时，画完画可以自己到老师指定的区域自由活动，教师在旁边悄悄地观察，了解和指导幼儿与小朋友沟通、玩耍的方法，并教给幼儿一些不用老师一起玩耍的游戏。慢慢地扩大范围，教师也慢慢放手。这样进入小学后，孩子能更快地适应小学课间的生活，同时也会对以后的学习习惯的养成有好处。

三、培养孩子完成任务的意识

培养孩子的责任意识在幼小衔接中是非常重要的，然而，在教育中教师和家长却没有重视，导致孩子进入小学后任务意识不强，不会整理自己的物品或忘记做作业，对适应小学的学习和生活有一定的困难，在心理上会出现紧张的现象。因此，在大班阶段注重培养幼儿的任务意识是十分有必要的。

（一）培养幼儿认真负责、完成任务的责任感

现在的父母对孩子比较溺爱，许多事情都由大人一手包办代替，幼儿对父母、老师的依赖性很强。在幼儿园里，我常常看到幼儿不能自觉地收拾、整理好学具，看到桌子歪了也不会主动去摆好，遇到一点困难就退缩，这是由于他们缺乏任务责任感。因此，在幼儿园日常活动中培养幼儿完成任务的意识是非常有必要的。在一次主题活动中，幼儿从家里带来了许多动植物放在班级的自然角中，有土豆、洋葱、大蒜、金鱼、乌龟等，品种十分丰富。可是幼儿觉得自己带来了就算完成任务了，再也没有去管理它们。一个星期后，洋葱、大蒜都开始枯萎了，金鱼也只剩一条。于是我和幼儿谈话商量，让他们和老师共同照料动植物，并教会他们一些管理自然角的方法，共同制作了观察记录本，让幼儿记录观察的结果，然后我在日常管理中每天进行监督和指导。现在幼儿每天都能做到去照顾自然角了，任务意识也在逐步建立起来。

（二）培养幼儿完成任务的基本能力

幼儿的童年生活是无忧无虑的，幼儿园以游戏教学为主要方式，大多数幼儿教师在幼儿园对孩子的照顾都是无微不至的，孩子在幼儿园很快乐，没有任何压力。但与幼儿园相比，小学很多方面都是有所不同的，如教师的管理、上课的方法、时间的安排等都跟幼儿园有很大差别，这样的变化会使幼儿无所适从，从而产生压力。因此，完成任务的能力从小就要开始培养，能力不是天生

就有的，而是靠后天的培养。幼儿缺乏社会经验，所以教师就要做好幼儿的指导者。

四、培养幼儿学习习惯的关键是开展丰富多彩的教育活动

在平常的教学中，我们要在一定的情境中对幼儿进行有效的教育，以提高幼儿的素质，塑造幼儿人格以及培养幼儿的各种能力，使幼儿在探索学习中找到学习的方法。

（一）多与幼儿交谈

教师可以在幼儿一日生活中利用各个环节与幼儿进行互动、交流。要给予幼儿自由、宽松的交谈环境，让幼儿大胆地说，清晰地表达自己的意愿，能主动与同伴交流并得到回应。教师在有意识培养幼儿倾听别人说话的时候，语速要放慢，表情要丰富，发音要清晰，以便于幼儿模仿。

（二）适时提问

在教学中我们可以利用幼儿喜欢听故事的特点，选取一些生动有趣的故事，利用色彩鲜艳、图文并茂的图书，通过听故事，让幼儿边听边思考，培养幼儿的倾听能力。讲完故事后，教师有目的、及时地提问故事中的问题，请幼儿来回答。这样不仅培养了幼儿认真倾听的习惯，而且培养了幼儿爱动脑筋思考的习惯。

（三）培养幼儿的专注力

专注力的培养是学习习惯养成的重要内容。学习是否专注直接影响幼儿的学习效果。我们要选择幼儿感兴趣的方式进行教育教学。培养幼儿的注意力要以游戏为主，如在学习分解活动中，我将分解活动设计成"分水果"，让幼儿在游戏中学习分解，吸引幼儿的注意力。在活动过程中，注意力越集中，学习的效果就越好。

五、互相配合、家园共育

教育孩子，幼儿园与家庭密切联系，缺一不可。在教学中我们要得到家长的理解、支持和积极参与，无论是在行动上还是在思想上，家长都要与幼儿园

保持一致。

我们可以通过多种形式与家长沟通，平常可以通过家长会、家长问卷、电访、面谈等方式与家长进行沟通，同时向家长宣传如何培养幼儿的学习习惯、怎样培养、需要家长如何配合等。只有教师和家长、幼儿园和家庭双方配合，同步进行教育，达成共识，才能更好地对幼儿进行习惯的培养。教师还要开展丰富多彩的活动，加强对家庭教育的指导，或者开家长会，向家长宣传有关学习习惯培养的知识，让家长畅所欲言，全面了解幼儿的情况及家长的指导状况，互相配合，共同营造良好和谐的教育环境，使教育良性、持续地发展。

综上所述，培养良好的学习习惯需要创设良好的环境、学会自我管理、培养任务意识等。在日常生活中，我们要利用各种机会，为幼儿创造条件，重视幼儿的学习习惯培养，家园配合，并持之以恒。习惯靠行动养成，性格靠习惯养成，命运是由性格决定的，所以，好的学习习惯会影响人的一生，也会受益终身，因此，从小培养幼儿良好的学习习惯是十分重要的。

参考文献

［1］刘华.浅谈早期家庭教育与幼儿习惯培养［J］.学前教育研究，2005
（2）：58-59.

［2］孙云晓.好孩子，好习惯［M］.桂林：漓江出版社，2006.

［3］史慧中.谈幼儿园素质教育［M］.北京：科学普及出版社，1994.

浅谈一日生活中促进大班幼儿良好学习习惯的养成

广州市白云区京溪艺术幼儿园　田芳

良好学习习惯的养成是一个长期的过程，需要在实践中反复练习与发展，使其成为一个自动的本能反应。一日生活皆教育，有研究表明：幼儿处于比较小的年龄阶段，心智各方面发展还不成熟，对各种事物存在兴趣。这一阶段是对幼儿进行学习习惯养成的最好阶段，也是比较容易实施的时间点，这时可以对其学习习惯进行巩固与加强，要对其不好的学习习惯进行引导并改正。如果让不好的学习习惯逐渐形成，那将对幼儿未来发展非常不利，且很难对其加以约束，无法建立优质的学习习惯。尽管大班幼儿的心智较小班与中班来说更成熟，但是依旧处于幼儿阶段，自我控制能力不足，很多事情不容易自我坚持，这时就需要教师对其进行督导使其完成某些任务，从而促进大班幼儿良好学习习惯的养成。

一、一日生活中促进良好倾听习惯的养成

优秀的学习习惯并不是天生存在的，而是在后期学习生活中慢慢形成的。幼儿良好的倾听习惯是使以后的学习事半功倍的有效方法之一。因为在倾听的过程中，幼儿可以直接汲取别人的经验，为己所用。倾听习惯的养成也需要长时间的经验积累，大部分内容主要体现在一日生活的教育过程中。养成良好的

倾听习惯，是为幼小衔接的发展做基础的准备，这样可以帮助幼儿未来的成长发展，并为其进入小学生活做良好的铺垫。

（一）晨间谈话促进良好倾听习惯的养成

例如，每天晨间快乐谈话时，教师会留10分钟时间让大家分享身边发生的开心有趣的事。而在周末来临之前，教师也会让幼儿留心观察周末身边发生的事，周一回园与大家分享趣事。在晨间快乐谈话活动中，幼儿对同伴分享的开心趣事非常感兴趣，也非常认真倾听，有时听到搞怪的事情会发出质疑声或哈哈大笑……每天，他们都会认真观察在一日生活中发生的事情，为第二天的分享做准备。在这短短的10分钟里，经教师时刻提醒，幼儿都能做一个安静倾听的文明小观众，尊重主持人。在每次分享中评选"最佳观众奖"，让文明的小观众来当小评委，以激励幼儿重视倾听习惯。经过一段时间后，我发现效果显著，榜上有名的小贴纸一点点增多，幼儿分享快乐的兴趣也日益高涨，认真倾听者和快乐分享者的能力都得到了较好的发展。孩子爱听了，会听了，久而久之，大班幼儿的良好倾听习惯也逐渐养成。

（二）故事活动中促进良好倾听习惯的养成

良好的倾听习惯应该做到边听边思考，而不应该是被动地去倾听。那么选择的故事内容要丰富，这样才能更好地吸引幼儿的注意力。生动、有趣的活动导入才能激发幼儿的学习兴趣和学习欲望。让幼儿带着问题去倾听，才能吸引幼儿主动参与到活动当中，并做一个边听边思考的小听众。例如，在听《是谁嗯嗯在我头上》的故事时，教师先以提问方式开头："今天要讲的故事名字叫《是谁嗯嗯在我头上》，你们知道'嗯嗯'是什么吗？故事中的小鼹鼠能找到吗？请大家带着这个问题仔细听故事，看看谁听得最认真。"这种方式不仅能使幼儿尽快进入情境，同时也激发了幼儿认真听故事的热情。在听故事的过程中，幼儿能很快抓住故事核心内容，也能发现故事中破案的关键：原来每一种动物的排泄物形状都不同，什么动物会有什么样的"嗯嗯"……教师追加问题："小鼹鼠到底能不能找到那个'嗯嗯'在它头上的坏蛋呢？为什么？"

大班幼儿通过对故事的倾听，树立养成良好学习习惯的目标，并学会对故事本身的内涵进行掌握。对于易动的幼儿来说，这样可以对其进行独立练习，让幼儿掌握好的倾听习惯，使幼儿的语言能力得到提升，同时可以提升幼儿的思维活跃度、口语表达能力、想象空间能力等。

二、一日生活中促进乐于表达习惯的养成

陈鹤琴先生说过：幼儿园要使儿童养成良好的习惯。其中，良好的学习习惯也包括乐于表达的习惯。对于幼儿来说，有一个良好的语言环境是很重要的，《幼儿园教育指导纲要（试行）》中指出："发展幼儿语言的关键是创设一个能使幼儿想说、敢说、有机会说并能得到积极应答的语言环境。"教师在一日生活中可以为幼儿创设一个良好的语言环境。例如，我园大B班老师在观察"京艺医院"的角色游戏时发现这一现象：景睿和书瑶两位扮演医生的幼儿对同伴态度不好，这时同伴就提出："在医院看病时要安静，说话不是像你这样大喊大叫的。"于是，景睿"医生"就与之辩白："我是假医生，当然可以这样了。"而书瑶"医生"看到后马上改变自己的表达方式，尽力去模仿医生的说话方式，体贴地给"病人"看病开药单，还细心地叮嘱"病人"回家后不要吃生冷东西，要注意保暖等，并友好地与身边的幼儿进行语言交流。因此，通过这种方式，幼儿的语言技巧方式又逐渐形成了新的发展途径。

三、一日生活中促进自主探究习惯的养成

努力营造一个适合幼儿学习的环境，无论是用于户外探索学习的自然社会环境还是内部的空间环境、心理环境，都务必营造出浓厚的学科知识气息，促使幼儿主动投入学科学习中去。在一日生活中，教师要定时定量地组织户外科学探究活动，创造良好的自然环境和社会环境，供幼儿探索学习。例如，为幼儿创设一个微型的自然界——植物角，根据植物角的特性和作用，对幼儿进行自主探究能力的培养。在植物角中，教师要与幼儿一起收集、种植各类植物，供幼儿自主观察探索和学习。在植物选择方面，幼儿需要尝试学会将同类植物放在不同环境中，并观察其生长状态后做比较，从而得出较好的培养方法。每天让幼儿选择在适当的时间段，观察植物角里发生的变化并记录下来。教师适当介入，和幼儿在植物角进行观察互动，引导幼儿正确认识探究方式，并达到

科学探索的教育目的，有效提高了幼儿自主探究学习的能力。

幼儿有自我的天性，他们对外界各类事物都充满浓厚的好奇心，对身边的所有事物都感到新奇，他们总会因喜欢而关注，因关注而被吸引，他们总爱主动去探究事物存在的秘密……这种自主探究行为指引他们去探索并认知世界，也促进他们在学习中悄然成长。其中，大班幼儿探究意识表现得尤为强烈，对外界事物产生浓厚的求知欲望，渴望接触更多新鲜事物，了解更多新奇"秘密"，在探究中获得更多知识，在无意、随意中学会向外界寻求帮助，满足自己的探究欲望。

四、结语

著名作家巴金说过：孩子成功教育是从好习惯培养开始的。大班幼儿正处于幼小衔接阶段，因此教师一定要把培养大班幼儿良好的学习习惯放在第一位。在一日生活中通过完成不同的任务，幼儿逐渐积累经验，从而进一步促进良好学习习惯的养成，也为步入小学奠定良好的基础。

参考文献

[1] 曾慧芸.培养大班幼儿在区域活动中的良好学习习惯 [J].现代农业研究，2018（7）：85-86+74.

[2] 郑旖旎.利用自主游戏促进幼小衔接中幼儿学习习惯的养成 [J].教育导刊（下半月），2014（2）：64-66.

[3] 李喜元.大班幼儿良好学习习惯培养研究 [D].西安：陕西师范大学，2019.

[4] 樊人利.游戏精神引领下幼儿行为习惯的养成 [J].学前教育研究，2014（9）：67-69.

授之以鱼，不如授之以渔

——谈大班幼儿良好学习习惯的养成

广州市白云区江高镇中心幼儿园　陈水玲

著名教育家叶圣陶对教育方面的理解颇深，他曾明确指出，教育并不是让幼儿拥有较高的成绩，而是要让他们养成良好的行为习惯。习惯的养成会影响人的一生，拥有良好的习惯就不再受社会的严格监督，而是按照既定的规则完成相关工作或学习。所以，良好的习惯可以给人带来深远的影响，尤其对于幼年时期的孩童来说，他们还没有真正形成正确的价值观，而且具备一定的可塑性。所以，在这一时间段中养成良好的习惯，后续就不容易发生改变。如果在儿童时期没能真正建立良好的行为习惯，未来的发展就会受到影响。

从教育的角度分析，要真正做到"授之以鱼，不如授之以渔"。简单来讲，人们有再多"鱼"都不一定能长久，但学会如何"捕鱼"，持之以恒地完成相关工作，就能够有更长久的规划。良好的习惯会让孩子在未来的发展中学会如何"捕鱼"。

一、在大班阶段养成良好学习习惯

对孩子来说，习惯并不是天生就有的，而是要在学习当中按照一定的规章制度不断地实践和操作，最终养成习惯。虽然习惯有很多种形式，但也存在好坏之分。一般情况下，学生在上课之前能够认真预习，课堂中仔细听讲，课后可以完成老师布置的作业，这些都是作为学生的根本，也是他们养成的良好学习习惯。在大班时期，幼儿虽然已经经过了两年的学习，但对学习习惯的养成并没有非常清楚的认知，而且他们的年龄很小，容易受到周围环境的影响，不具备良好的自控能力，如果没有长期地坚持形成良好的习惯，在进入小学之后就会落后于他人。所以，良好的学习习惯是在潜移默化中不断形成的。在大班时期就不断培养习惯，可为升入小学做很好的铺垫。然而，良好学习习惯的培养需要有行之有效的策略。

（一）循序渐进地培养幼儿的良好学习习惯

通过心理学家的相关分析和探究可以看到，孩子在幼儿园时期虽然较容易培养某些习惯，但在巩固和建立这些习惯时，他们很容易出现遗忘的问题，如果不良习惯在这一时期被及时纠正，后续也会逐步稳定，不会产生严重变化。一般情况下，学生都会觉得数学课枯燥无味，有的幼儿上课时不专心，操作练习时不认真，边操作边玩。所以教师在上课的过程中，要对幼儿有正确的引导，帮助他们建立良好的学习习惯，使他们在课堂上认真听讲，同时自觉听从老师教诲。良好的学习习惯并不是一蹴而就的，需要在日积月累的学习当中不断培养改善，这个过程虽然较为简单，但最终养成的习惯不会被改变。

上课时孩子的注意力通常能够维持20分钟左右，但经过长期锻炼，注意力维持可以延续到30分钟。大部分孩子在刚上课时注意力非常集中，然而在课程时间不断延长的过程中，很多孩子就会受到其他因素的影响，出现注意力分散的问题。在这种情况下，教师可以通过轻声提醒或动作等多种方式让孩子重新恢复注意力。幼儿所具备的年龄特点和实际性格特点特殊，所以在给他们培养习惯的过程中，要重视他们的学习情况，遇到问题时及时解决，通过循序渐进的改进，让他们逐渐养成良好的学习习惯。

（二）培养幼儿专心致志的良好行为习惯

大多数孩子在日常的教学活动中，经常会出现磨磨蹭蹭的现象，实际上出现这种现象最根本的原因在于他们还难以真正专心地去做一件事，无法形成良好习惯。而且，大多数教师会给孩子传授知识，但并没有教会他们如何去学习这些知识，甚至大量的内容学习已经使他们感到疲倦。很多教师并不会给孩子限定时间，也难以让他们形成时间方面的观念。

在大班阶段，需要给幼儿进行时间限定，帮助他们树立良好的时间观念。笔者曾在大班开展"我最快"活动。这个活动非常简单，在活动的过程中看到很多孩子都可以在规定的时间内完成任务，但容易让最终呈现的作品质量差。

在这次活动之后，笔者对整个活动进行了分析和研究，最后发现虽然设置了对应的时间，也要求孩子专心致志，但实际上很多孩子并不能兼顾质量和速度。所以，笔者后续进行了第二次活动的推进。从速度和质量两个角度对幼儿进行评分要求，而且提出"你们在完成数学题的过程中，要重视所有题目的质量和速度，不能只为了快而完成作业"等。大多数孩子都能听从老师的意见，而且能在操作的过程当中提高自身的注意力和专心程度，但某些孩子还是需要在老师纠正的情况下完成这些作业。所以，日常行为习惯是在反复练习、强化和巩固的过程中养成的。

（三）树立榜样，及时鼓励

培养幼儿的学习习惯，还可以通过树立榜样的方式实现。教师要真正做到以身作则，在生活和学习当中给孩子树立榜样，同时还可以在班级当中挑选较多听话且活动操作非常认真的孩子作为榜样。当这些孩子真正成为其他孩子的榜样后，他人就会在无形中不断向榜样看齐，养成良好习惯。

孩子在进入大班后都会准备书包，这种书包并不是如小学生那样要承载更多的书籍，而是要让他们将文具盒和水彩笔等各种物品放到自己的书包里。这种习惯的养成是让他们对自己的东西负责，也让他们学会整理自己的物品。刚开始时，很多孩子并没有这种行为习惯，他们也难以保管好自己的物品，很容易出现物品丢失的现象，而且在丢失物品之后他们会大声叫喊，甚至哭闹。在这种情况下，笔者就选出班级中的整体榜样，让其他小朋友共同跟着学习。很多孩子在老师的引导下开始模仿其他小朋友的行为，规范自身的行为，整理好自己的书包。除此之外，笔者还会定期开展"整理小书包"活动，在活动完成之后，让所有学生养成整理自己书包的良好行为习惯，同时也学会保管好自己的物品。每一次活动中，教师都会重点讲解物品如何分类以及整理书包的方法，让他们在与他人交流沟通的过程中，学会如何整理好自己的物品。当小朋友能够完成这些任务时，老师及时进行表扬，让他们对完成日常学习任务有更大的信心。

二、家园共育，改善儿童学习行为

国家在提出新课程标准之后，针对幼儿园时期的教育也提出了全新的规定，在幼儿时期，要重视家庭和社会带来的影响，充分利用多方面的教育资源，使幼儿能够拥有更加良好的学习环境。孩子日常和家长沟通交流较多，幼儿园只有获得家长的理解和支持，才能使未来的教育更具备发展的潜力。所以良好行为习惯的养成，家长的教育必不可少。尤其是在提高幼儿素质的过程中，很多实质性的习惯养成都来源于家长对孩子的影响，大多数家长也意识到了培养学习习惯的重要性。

（一）家园共育，一致要求

针对幼儿园方面的指导纲要曾明确提出家园共育，最重要的就是幼儿园和家长共同给孩子提供良好的学习环境，所以这两者之间的关系密不可分，在教育的过程中要保持一致。家园共育是能够融合家庭和学校教育资源的有效方式，可以利用家园开放日等多种活动，邀请家长过来参观；还可以通过宣传栏等方法让家长了解到自己在教育过程中存在的欠缺，鼓励更多家长参与到幼儿园的教学活动中。

教育当中要重视幼儿学习习惯的养成，而这一习惯来源于日常的一致性资源的使用。虽然教育的主要工作来源于幼儿园，但实际上在日常生活中，我们经常听到家长抱怨："老师，我的孩子在幼儿园时非常懂礼貌，也能和他人好好相处，但到家里之后随意丢弃东西的现象依旧存在，甚至写作业时也非常不认真。"可以看到，这些孩子在幼儿园虽然能够认真完成作业，与他人友好相处，但到家之后依旧像"小霸王"一样。

在幼儿园中孩子一般都会比较听从老师的意见，老师也会对孩子进行适当的鼓励，但实际上孩子并不能了解自身的行为，对老师提出的评价或批评都没有更直接的理解，而且在幼儿阶段，孩子受到批评时很容易出现反叛情绪，所以要通过表扬和鼓励的方式对孩子的良好行为进行强化。当孩子可以把书包放在固定的位置或者进行书本的及时整理时，教师都要对孩子进行表扬。他们在老师的不断鼓励和督促下，就能养成良好的习惯，而这些习惯也可以重新带入家庭中。家庭教育很多都处于溺爱的状态，很多孩子在家里什么都不会去做，父母的过分溺爱会使他们无法摆正自身在家庭中的心态，所以很多孩子在家里都会非常懒惰。有一个孩子曾经说道："老师我偷偷地告诉你，我在学校里很多东西都会，但到家里之后，妈妈都不会再让我去做，慢慢地我就又不会了。"可以看到，这些孩子实际上都非常有自己的见解，他们也会耍小聪明，如果在家庭里受到父母或祖父母的溺爱，很容易使他们养成的良好习惯受到影响。

分析这些问题和原因，可以看到在日常的教学活动中，家长和幼儿园共同教育孩子十分重要。笔者在数次开家长会的过程中，都会针对学习习惯问题进行重点分析和探究，让更多的家长了解如何培养孩子的习惯。从家长的配合来看，孩子在家里和幼儿园做作业时，都需要保持良好的心态，独立完成老师的各项任务。幼儿长期在这种环境的培养下，才能学会如何学习。作为家长，不能想起来就要求一下，想不起来又听之任之，要始终如一、持之以恒，这样才有利于好习惯的形成。

在另外一些家庭中，父母对孩子的日常学习管教较少，大都是丢给祖辈来引导孩子学习，不同年龄段的人对学习方面的理解认知并不相同，这些也就导致很多孩子养成不良的学习习惯，难以改变。祖辈对孩子的要求并不高，能够完成老师布置的作业即可，所以孩子即使花费较长的时间去写作业，也并不是什么大问题。但实际上对孩子的父母来说，培养良好的学习习惯要从小做起，不能一味地任由孩子玩，而是要在早期就能养成良好的学习习惯。家庭中的成员在沟通时，要多次强调学习习惯养成给孩子未来带来的影响，使家庭成员之间的教育逐渐达成一致，同时让他们了解到培养良好学习习惯的方法。家长要有更清晰的理解和认识，家庭教育比其他教育方式对孩子的影响更大，所以，这种持久的影响要从各个细节入手，真正解决教育中所遇到的问题。

（二）言传身教，在潜移默化中改变幼儿学习行为

很多孩子在家庭里都无法更加专心地写作业，因为整个环境过于嘈杂，家长的行为也难以给他们提供良好的榜样。很多孩子在吃完饭之后，会与父母一边看电视，一边写作业，这些都会使他们养成不良的学习习惯。大多数孩子模仿能力较强，父母如果喜欢边玩手机边吃饭，孩子必然也会养成同样的习惯，所以父母的言行举止至关重要。

言传身教，两者都是教育过程当中的重要部分，郑渊洁在对自己的孩子进行教育时曾明确提出父母的榜样对孩子产生的影响。言传身教最重要的就是在日常的生活中给孩子创设更加健康有序的学习环境，例如孩子在学习时，父母可以关掉电视陪孩子一起看书，而且家长也有责任、有义务与孩子共同成长，家长不断学习，也能给孩子提供更加良好的知识和学习背景。

（三）制定合理时间表

孩子在进入大班之后，开始有时间方面的观念，所以家长可以通过适当的时间表，规定孩子的日常行为，孩子不会随意浪费时间，能够在父母规定的时间里完成对应的学习任务，才能达到更好的效果。但这种时间表的设置不能过于紧张，家长要和孩子共同商议，根据孩子的情况制定适合的时间表，在合适的时间做更合适的事情。时间表要明确规定，且按照对应的表格书写并张贴到显眼的位置，孩子在看到时间表后，要自觉遵守这种有效的约束方式，也可以针对家长，让家长和孩子共同受到影响与约束。

日常学校当中都会制定班级的作息时间表，但是孩子回到家中时，也需要有不同于学校的时间表，这两种时间表都是约束孩子行为的有效方法。家庭和幼儿园能够互相理解，共同培养孩子的良好行为习惯，最终达到的效果更能相得益彰。所以，在促进孩子成长发育的过程中，家长的榜样作用和实际行为约束是最有力的工具。

英国有句谚语：行动养成习惯，习惯形成性格，性格决定命运。所以在培养孩子学习习惯时不可能一蹴而就，要从多个角度入手，长年累月、持之以恒地发展，要做到家园密切配合，共同培养幼儿良好的学习习惯。

综上所述，幼儿良好学习习惯的养成是一项细致耐心、长期的工作，我们应结合实际，不断改革，努力探索，探索出更好的教育模式来培养幼儿。培养幼儿的良好学习习惯，最重要的就是能够让他们学会"捕鱼"的方式，而不是简单的知识灌输。

幼儿自主场景的创设与推进

广州市白云区华师附中实验幼儿园　周冠苏

《3～6岁儿童学习与发展指南》中明确指出："幼儿的学习是以直接经验为基础，在游戏和日常的生活中进行的。要珍视游戏和生活的独特价值，创设丰富的教育环境，合理安排一日生活，最大限度地支持和满足幼儿通过直接感知、实际操作和亲身体验获取经验的需要……"因此，营造一个良好的自主建构游戏环境及教师的有效引导对幼儿的学习发展尤为重要。

一、打造具有学习价值的环境氛围

《幼儿园教育指导纲要（试行）》指出："环境是重要的教育资源，应通过环境的创设和利用，有效地促进幼儿的发展。"因此，我们应创造一个安全、舒适、能够满足幼儿发展需求的游戏环境。

自主建构游戏需要的空间较大，因此，我们首先考虑的是足够幼儿进行活动的场地。其次是游戏点的门洞设计跨越了整个区域，设计的招牌名称使用卡通字体，并加入了卡通人物形象，营造活泼、欢快的氛围，激发幼儿兴趣。在门洞上还加入了幼儿的手工作品，使幼儿在获得有关各种符号知识的同时有了参与感。

区域里面投放的开放玩具柜左右两边都是开放的结构，便于幼儿取放操作材料，体积较大的操作材料以不同造型摆放在靠栏杆处，激发幼儿创造力。在区域里面展示不同的示意图，以供建构能力偏弱的幼儿作为参考。

投放的操作材料都是回收的可再利用资源，如利用不同大小的纸箱进行再加工，就变成一栋一栋的高楼大厦；将多个奶粉罐、纸筒组合在一起，进行再创造，鼓励幼儿发挥想象力；等等。

同时投放了部分自制的教学玩具：用万通板制作长短不一的"马路"，让幼儿联系自己的生活经验进行道路建构；利用纸杯绘画标志，让幼儿在"马路"上设置各种标志符号，让幼儿在游戏中获得有关符号的经验；用不同的材质制作花、草、树木，以便幼儿装饰自己的家园。

二、幼儿在游戏过程中的分阶段目标

幼儿的学习不是一蹴而就的，为了让幼儿能够循序渐进地掌握游戏的方法，在游戏中获得学习经验，我们在游戏开始时分为两大阶段，并在各阶段中根据幼儿的兴趣和实际操作情况进行不断的调整。

第一阶段：教师和幼儿共同商量需要投放的材料，并请家长配合收集。收集回园后，教师和幼儿一起讨论每种材料的用途并设定建构主题，引导幼儿制定简单的游戏规则。

在第一阶段中，幼儿对于材料比较陌生，也习惯一个人建构，不知道如何和同伴合作进行游戏，都是自己搭建自己的楼房、道路，使用的材料也比较单一，不能组合起来进行游戏，需要在老师有意识的引导下才能进行合作建构。

第二阶段：在第一阶段的基础上，幼儿能够自主创作，并主动与同伴商讨建构主题，完善和调整游戏规则，进行小组、集体创作。

在第二阶段中，幼儿对材料有了一定的熟悉感，开始有了自己的想法，能够建构比较复杂的高架桥、隧道等，还能够给游戏增加新的玩法，如自主分工分职业，包括马路工人、建筑师、园丁……进行建构游戏。

在商讨游戏规则方面，第二阶段较第一阶段也有了很大的提升。在第一阶段中，大都是教师引导或者能力较强的幼儿商讨制定游戏规则；在第二阶段中，能力强的幼儿能够带动能力弱的幼儿共同参与讨论。商讨制定的游戏规则也有了进一步的完善，在游戏过程中也能够根据不同的情况随时调整游戏规则，如在环岛行驶的道路上，个别幼儿不清楚方向，个别幼儿会自发地充当

"小交警"的角色进行指挥,保持道路的畅通。还有些能力较强的幼儿根据自己的想法,能够适当制作、增添游戏材料,如利用美工区的笔、纸张等材料,自己设计符号标志;利用表演区的娃娃道具进行角色扮演;等等。

三、自主建构游戏对幼儿发展的价值

教师和幼儿共同讨论决定投放的材料,并请家长配合收集,最大限度地给予幼儿自主权,也利用了家长资源。在游戏中,不同材质的丰富材料,有金属的、塑料的、木制的……给幼儿带来不一样的感官感受,激发了幼儿之间的合作、自主性和创造力。在游戏中,幼儿是游戏规则的制定者,同时也是受约束者。在游戏过程中,他们会发现问题并相互讨论,尝试解决问题,从中提高解决问题的独立性、与人交往的能力。现在幼儿的思维模式是跳跃性的,他们喜欢挑战有一定难度的游戏,同时他们不喜欢别人固定好的条条框框,他们有自己的想法,喜欢自己创作,制定不一样的标准、不一样的游戏规则。自主建构游戏让幼儿成为游戏的主导者,充分发挥幼儿的自主性,满足幼儿的成长需要。

四、反思教师的支持行为

在幼儿园以往的建构游戏中,教师由于受到"教师教、幼儿学"观念的影响,十分重视活动前的示范、讲解,活动中技能的灌输,对于建构游戏本身对孩子身心发展有怎样的促进作用,孩子在搭积木时有什么样的想法和心理变化却考虑得不多。而在强调自主建构游戏中,我们以幼儿为中心,最大限度地放手让幼儿去尝试、去体验、去享受游戏过程中的乐趣。在第一阶段中,面对收集回来的材料,教师以引导的方式鼓励幼儿大胆地说出自己的想法。

师:"收集回来的塑料瓶我们可以用来做什么呢?"家家说:"可以拿来种花。"南南说:"可以垒起来当金字塔。"……师:"很不错的想法,可是花从哪里来呢?金字塔容易倒怎么办?"在老师抛出问题后,幼儿们立刻热闹起来,提出各种各样的解决方法,如可以画一朵花或者买一束花,金字塔可以用双面胶或者透明胶粘起来……

通过幼儿们的奇思妙想,材料的用途就这么确定下来了,在幼儿的共同努力下，收集回来的废旧物大变身，有些变成了高架桥的柱子，有些变成了路边的小花小草。在第二阶段中，教师逐渐脱离游戏，成为旁观者、观察者，在观察中发现问题或者趣事时用照片记录下来，游戏结束后组织幼儿共同讨论解决问题的方法，分享游戏过程中发生的趣事，小结活动中的不足，以便幼儿下一次游戏。幼儿在游戏中逐渐能够主动与同伴交流，学会和同伴商量、合作，共同打造一个小王国，享受游戏中的乐趣。

除此以外，在幼儿园建构活动的具体实施中还存在许多问题。

（1）偏重于成人化，时间安排不够充分，幼儿园中都建立了区角，可是真正能让孩子自由、自主活动的时间非常少。相当多的幼儿园在组织活动时，仅仅把建构游戏当作调剂品来使用。其实，自主建构游戏不但有重要的教育价值，还能提高幼儿的注意力，促进幼儿社会性发展中的坚持性发展，培养幼儿持之以恒的精神。若建构游戏时间不充足，幼儿的创造性就无法真正发挥出来。

（2）建构材料提供不适宜，没有提供充足的结构材料，没有提供适合幼儿特点的结构材料，没有及时调整和更换结构材料。很多幼儿园虽然配置了许多种类和数量的玩具，可在选择时却忽视了儿童认知的需要，具体表现为玩具种类单一，忽视幼儿的年龄差异。学前儿童的游戏发展是循序渐进的，不是一成不变的。不同年龄阶段的幼儿对玩具的需要是不同的。一种玩具从小班玩到大班，孩子的积极性还有多少呢？有许多幼儿园在选择玩具时没有充分考虑到幼儿成长的需要，玩具的种类和难度单一，不能很好地发挥提高幼儿认知能力的重要教育作用。

（3）教师的预设成分过多，介入方式不适宜，教师预设幼儿游戏的主题，限定每个区域的建设物，这将局限幼儿的思维。在游戏过程中，教师按照自己预定的目标对游戏内容的示范讲解过多，易造成幼儿安心模仿学习的现象，也将直接导致幼儿的主动创造机会减少。介入方式不适宜，教师的介入违背了幼儿的意志从而破坏了游戏性，使幼儿暂时中断原来的游戏而按照教师的要求行动，那么这种介入则不被认为是有效的介入。

（4）教师的评价形式单一，讲评内容较为广泛，没有围绕本次活动的重点目标进行有针对性的评价，没有提升幼儿的游戏水平。教师对建构游戏的认识不够，把建构游戏看作打发时间的活动，没有充分重视建构游戏对幼儿发展的重大教育价值，部分教师则是逐一讲评各组活动的表面情况，没有仔细思考如何在评价的时候去拓展幼儿的思维和提升幼儿的建构水平。

五、分析可能产生的教育契机及进一步的支持策略

（一）发挥幼儿主体的作用

新纲要指出，教师应该成为幼儿的合作者、支持者、引导者。但是在建构游戏中，教师预设主题、内容、材料的成分过多，使得幼儿的主体地位没有得到充分的显现。教师要清楚地知道，游戏的主体是幼儿，应该给予幼儿足够的自主性，鼓励幼儿根据自己的目的选择所需的游戏内容和材料。教师不要对游戏的内容做过多限制，允许并鼓励幼儿创新，启发幼儿积极运用各种材料进行创造。

（二）采取适宜的介入方法进行引导

采取适当的介入方式，多采用平行介入法和交叉介入法。平行介入法是指教师在幼儿附近，与幼儿玩相同或不同材料和情节的游戏，目的在于引导幼儿模仿，教师起到暗示指导的作用。交叉介入法是指当幼儿有教师参与的需要或教师认为有指导的必要时，由幼儿邀请教师作为游戏中的某一角色或教师自己扮演一个角色进入幼儿的游戏，通过教师与幼儿、角色与角色的互动，起到指导幼儿游戏的作用。

（三）鼓励幼儿积极克服困难

在建构活动过程中，教师应以合作者的身份，依照幼儿的不同需要给予适当的帮助。教师的支持不仅是物质上的，更重要的是情感上的，当孩子质疑自己的答案时，教师鼓励的话语会让孩子更有勇气去克服困难。教师对建构区幼儿的活动情况进行多维度的评价，对幼儿建构水平的提高以及建构活动内容的深入开展起着至关重要的作用。多角度的评价方式能从多方面反映幼儿的信息状况、学习特色、发展变化等，能兼顾到群体需要和个体差异，使每个幼儿都能获得成功感，有利于激励幼儿。

幼儿在发现问题、解决问题的过程中学会表达自己的想法，能够和同伴进行交流。在游戏材料中，我们加入了各种有关交通的标志，让幼儿在游戏中能够加强安全意识，遵守交通规则。

当现有材料不能满足幼儿的需求时，幼儿能够想办法利用增添、自制的方式进行补充，如使用美术区的材料装饰楼房，从中获得美术构图能力，锻炼剪、粘等精细动作的发展。幼儿在游戏中能够获得快乐的体验，增进同伴间的感情，同时发展了语言表达能力、与人交往能力、空间建构能力、艺术欣赏能力等。

自主建构游戏应该让幼儿与教师共同创设多元化、多功能、多层次的环境；教师应该准确定位自己的角色，欣赏幼儿、相信幼儿，让幼儿自由、自主与环境进行积极有效的互动。教师要以观察者、合作者、支持者、鼓励者的身份适时适当地介入指导，通过多元的评价方式来生成游戏的内容和深入游戏的情节，提高幼儿的建构技能和游戏水平，发挥幼儿的自主性，促进幼儿全面发展。

参考文献

[1] 中华人民共和国教育部. 3～6岁儿童学习与发展指南［M］.北京：首都师范大学出版社，2012.

[2] 吴敏.在建构游戏中有效引导幼儿自主学习［J］.福建教育（D版），2014（1）：61-62.

[3] 常璐.教师对幼儿游戏介入时机的研究［D］.上海：华东师范大学，2006.

[4] 张志玲.对幼儿自主建构游戏的实践与思考［J］.新课程（小学），2014（1）：100-101.

中篇

成
长记录

广州市白云区江高镇中心幼儿园
幼儿个案跟踪记录
——楠楠在花店的小故事

观察时间	2019年9月2日至2020年1月17日		
幼儿姓名	楠楠	班别	大二班
观察老师	黄丽红		
跟踪原因	楠楠是一名性格孤僻、不善言谈、喜欢独来独往、我行我素的小女孩。对其他活动毫无兴趣，唯有对美工活动情有独钟，却无奈什么都不会做，动手能力弱，就连简单的涂色也涂不好，是个想动而不会动的小女孩。因此，我要跟踪观察她，只为寻找更好的教育方法，因材施教		
幼儿情况分析	（1）这个小朋友的动手能力比较弱，据了解，楠楠的爸爸、妈妈都是开店做生意的，每天早出晚归，无暇陪伴孩子，陪伴孩子的重任就自然而然地落在爷爷奶奶的身上，而爷爷奶奶对楠楠百般疼爱，一直持着"含在嘴里怕化了，捧在手里怕摔了"的态度，照顾得无微不至，以至于楠楠做起事来什么都不会。 （2）楠楠不善于交往，沉默寡言。由于爷爷奶奶照顾她的起居生活，楠楠缺少与同龄伙伴交流的机会，形成了以自我为中心、不合群等不良习惯，不利于健康成长		
目标措施	（1）针对楠楠动手能力和交往能力比较弱的情况，我将与家长进行密切的沟通，让家长知道家庭教育对孩子健康成长的重要性，从而配合我们的工作，做到家园共育，正确对待孩子的成长问题，克服困难，共同教育好孩子。在生活中多创造机会，让孩子动手操作，进行交流，进一步提升孩子的动手能力和交往能力。 （2）根据楠楠的年龄特点和学习规律，从她的兴趣爱好入手，为她准备充足的材料和时间，发挥她的想象力和创造力，从而进一步培养其动手能力和交往能力		

观察时间	2019年9月2日至2020年1月17日		
幼儿姓名	楠楠	班别	大二班
观察老师	黄丽红		
个案跟踪记录	**事件一：** 一天，我们开展自主活动——开花店，本次的主题是做"纸杯花"，当自主游戏活动的音乐响起时，孩子们都找到自己喜欢的游戏并很快投入进去。楠楠也不例外，她悄悄地站在"花店"门口，静静地观看着，却不敢踏进"花店"的门。于是我走过去轻声问道："楠楠，你也想来做花吗？"楠楠低着头没有说话，眼睛却瞄着正在做"纸杯花"的小朋友。我已经猜到了她的心思，直接拉住她的小手，邀请她进去坐着一起参与活动。我拿了把剪刀给她，要求她把"纸杯花"的花瓣剪出来，没想到她连拿起剪刀的勇气都没有。考虑到她有可能不会使用剪刀，我就帮她把花瓣剪了出来，要求她给花瓣涂上漂亮的颜色，她羞答答地拿着蜡笔开始装饰花瓣。刚开始，她涂得有点乱，纵横交错的，而且力气也不够，颜色涂得很浅，不够显眼。于是我指导她："楠楠，涂颜色时，要么竖着笔来涂，要么横着笔来涂，这样涂出来的颜色才会整洁，而且涂的时候要稍微用力一点，颜色才会涂得深一点、好看一点，而且要均匀一点，可以用不同的颜色去涂，就会画出五颜六色的花，那样就会很漂亮了。"楠楠听了我的话，点头表示赞同，很快就按照我的方法涂了几片花瓣，顿时炫彩夺目的花瓣呈现在眼前。我及时表扬她："小朋友，你们看楠楠的花做得越来越好看了，颜色也涂得很美，下次要把她的花拿去步行街卖掉，让更多人欣赏美丽的花。"楠楠听了开心地笑了，低着头继续装饰花朵。 **事件二：** 周三，我们一如既往地开展自主游戏活动，但本次的主题是制作向日葵。楠楠也来捧场了，这一次楠楠很快找到一个位置坐下来，认真地听着老师讲如何制作向日葵："首先我们剪好一个花心，贴到一张小画纸上，然后把折纸撕成一条条的，分别围着花心贴上去作为花瓣，然后用油画棒画上花径和叶子，并画上一些小草作为装饰，向日葵可以做2~3朵，使画面完整就可以了。"刚开始，楠楠坐在那里，一动也不动，经过上次的活动，我知道楠楠不会使用剪刀，于是我教楠楠将右手的拇指放进剪刀一侧手柄，食指和中指同时放进剪刀的另一侧手柄，把剪刀的头朝前，左手把纸放进剪刀的嘴巴里，剪刀绕着一个圆形剪就可以剪出一个圆形的花心。按照我的方法，并在我的鼓励下，楠楠鼓起勇气开始学剪，虽然剪的边缘不是很圆滑，但总算剪出一个圆形的模样，然后继续撕纸贴上花瓣，最后通过丰富的想象力，楠楠把向日葵做得像模像样，而且还画了一只蜜蜂在旁边采蜜呢！我看到了她的创意，连忙夸道："楠楠的花做得越来越好看了，而且有了自己的创意，很棒！

观察时间	2019年9月2日至2020年1月17日		
幼儿姓名	楠楠	班别	大二班
观察老师	黄丽红		

个案跟踪记录

小朋友们要多向她学习哦！楠楠平常也要多练习剪刀，这样才能剪出一些漂亮的图案，做起手工来会更加精致哦！"楠楠听了，竟然出乎意料地答应了："好的，谢谢老师！"多么美妙的声音啊！我趁热打铁说道："楠楠，你的声音好好听哦！以后要多和我们一起说话哦，小朋友们会更加喜欢你的。"听完，楠楠嘴角露出一丝微笑，像是水面上的一道涟漪，迅速划过脸部，似乎默认同意了。

事件三：

一个学期下来，已经记不起开展第几次自主游戏活动了，但楠楠依然是"花店"的忠实学员，唯有不同的是，楠楠已经能够很好地使用颜色去装饰物品了，剪刀也能灵活地使用了，做出来的花朵都是比较"抢手"的，小朋友们都喜欢和她合作制作花朵，喜欢和她交流创作的想法。这次为了锻炼楠楠的交往能力，我让她和欣欣一起去当售货员——卖花。楠楠不慌不忙地跟着欣欣把各种各样的花收拾好，摆在"步行街"的柜子里，刚开始楠楠有点不好意思，站在那里，看着热闹的"步行街"人来人往，热闹非凡，自己的花却无人问津。但开朗的欣欣却拿着花不停地吆喝着："好美的花哦！5元一朵，是送人的好礼物，大家快来挑吧！"话音一落，几个小朋友争先恐后地买走了几朵花，而楠楠的花还是原封不动地在柜子里。这时，楠楠低着头，感到非常沮丧！于是，我走过去让楠楠想一想为什么没有人来买花，并让她观察一下欣欣是怎样做的。经过我的一番鼓励后，楠楠鼓起了勇气把花拿在手里，跟着欣欣一起开始吆喝着："好美的花呀，形态各异，5元一朵，可挑颜色，是送给爸爸、妈妈、老师的首选礼物哦！"刚开始，楠楠的声音有点小，而且颤抖着，后来声音越来越响亮了。金雀一开口，便有一个小朋友过来了。"老板，请问这花怎么卖？""5元一朵，请问是要送人吗？""是的，要送给妈妈。""好的，这种粉红色的康乃馨挺适合的。""给你钱。""谢谢！"经过一番对答如流的销售对话后，楠楠终于和小朋友成功地"交易"了，激动地收下了"第一桶金"。后来，楠楠吆喝得更卖力了，不一会儿又卖掉了几朵玫瑰花，最后在不知不觉中，楠楠把所有的花都卖掉了，笑容满面地对我说道："老师，我把所有的花都卖掉了。""你真棒！你今天赚到了30元的工资，可以去买好吃的东西啦。"领到"工资"后，楠楠兴高采烈地走到"步行街"上寻找自己喜欢的东西去了

续 表

观察时间	2019年9月2日至2020年1月17日		
幼儿姓名	楠楠	班别	大二班
观察老师	黄丽红		
幼儿个案跟踪的效果	（1）从幼儿身心发展的角度来看，动手能力的培养不仅能促进幼儿大脑的发育，还有利于促进幼儿智力和创造力的发展，因此培养幼儿的动手能力，我们有义不容辞的责任。自从向家长反映楠楠在幼儿园动手能力和交往能力都比较弱的情况后，家长听取了我们的建议，推掉了一些生意上的应酬，挤出更多时间陪伴孩子，让孩子多动手去做一些事情，让孩子做一些家务和自理方面的事情，如扣扣子、拉链子等。每一件事都让孩子尝试去做，第一遍做不好，就做第二遍，不停地尝试，总有一次会做好，而不要因担心孩子做不好就代办，那样只会剥夺孩子锻炼动手能力的机会，孩子的动手能力将永远得不到提高。经过几个月的训练，楠楠再也不是一个"衣来伸手，饭来张口"的孩子了，而是在爸爸妈妈的鼓励下，成了一名爱劳动的小朋友，能够自己的事情自己做，还乐于帮爸爸妈妈做一些力所能及的事情。另外，爸爸妈妈在平常生活中也营造了良好的家庭教育环境，有意识地为楠楠创造交往的机会，并加以引导，鼓励楠楠大胆地交流，及时给予肯定，如把楠楠带去参加一些社会实践活动，锻炼其交往能力。几个月的实践，家长持之以恒，楠楠在潜移默化的环境中提高了交往能力。 （2）幼儿的健康成长离不开家园共育，对于从小培养幼儿的动手能力和交往能力，作为幼儿教师的我们，同样有着不可推卸的责任。游戏是幼儿园的基本活动形式，在游戏中，孩子特别积极、活跃、专注力高，因此我们发挥自己的想象力，设置一些提升孩子动手能力的游戏。例如，从幼儿的兴趣入手，制作不同难度的花，制作的技能可以是画、撕、贴、剪等，由易到难，在制作的过程中不断提高幼儿的动手能力。通过一段时间的实践，楠楠的动手能力得到了很大的提高，由原来的不会使用剪刀到灵活使用剪刀，由不会涂颜色到懂得如何搭配颜色。在日常生活中，我们为楠楠创造了更多与同伴交往的机会，让她和小朋友们自然而然地玩在一起，并在学习合作、互助、轮流、分享中学会交流，在潜移默化中提高社会交往能力。现在的楠楠再也不是一个性格孤僻、不善言谈的小朋友了，变得像小鸟一样叽叽喳喳说个不停，而且言谈中充满自信，活泼可爱		

广州市海珠区海鸥幼儿园幼儿个案跟踪记录

——亮亮的成长小故事

观察时间	2019年10月1日至2019年12月30日		
幼儿姓名	亮亮	班别	中班
观察老师	曾庆丹		
跟踪原因	本学期开展"为我服务的人"主题活动，本月刚刚开始尝试混班自主游戏，这是第二次开展角色游戏，虽然孩子们对游戏的规则有了一定的了解，但在游戏中还是比较局限于自我意识，与其他班孩子的交往互动还比较少		
幼儿情况分析	亮亮小朋友是我们班本学期的插班生，家访中了解到，他在来海鸥幼儿园之前，没有上过幼儿园，语言表达能力以及交往能力都比较弱。9月上幼儿园以后有比较严重的分离焦虑，每天回园都会哭闹，回园后不主动参与集体活动，比较以自我为中心，独来独往，与本班孩子的交流也比较少。10月开始回园情绪有所好转，但是与班里同伴的相处还是比较被动，常常会因为玩具的使用权与同伴发生矛盾而起冲突		
目标措施	（1）鼓励幼儿在自主游戏中乐于交往、大胆交往。 （2）在自主游戏中，培养幼儿社会交往能力。 （3）帮助幼儿在游戏中树立信心，促进良好的交往方式		
个案跟踪记录	**镜头一：** 今天，亮亮进到角色游戏区以后，第一时间到衣架上找来小超市售货员的服装，来到蛋糕店，并拿着收银机放在自己的手上。这时候，中三班的消防员要来买蛋糕，问："有没有？"亮亮马上用粤语回答："无！"当小伙伴第二次问的时候，他依然坚定地回答："无！"手上依然握紧了收银机，当小伙伴走到右边，他下意识地把收银机移动到左边，眼睛和手都没有离开过收银机。拒绝伙伴参与到游戏中，全神贯注于收银机的使用。		

续 表

观察时间	2019年10月1日至2019年12月30日		
幼儿姓名	亮亮	班别	中班
观察老师	曾庆丹		
个案跟踪记录	**思考分析：** 亮亮小朋友在游戏中呈现的是对收银机使用的兴趣，可以看出他来到此区域游戏是为了拥有收银机，并且很明确地认为收银机是自己的，拒绝一切影响他拥有收银机的可能，拒绝一切合作游戏的可能。 **镜头二：** **游戏背景：** 针对上一次游戏中亮亮出现的问题，教师有意识地在班级中提供更多亮亮与伙伴共同玩玩具和互相相处的机会，亮亮从一开始的争执、矛盾，逐步学会轮流使用玩具游戏。结合"为我服务的人"主题，我们收集相关超市收银员的视频、图片，在班上与孩子分享，也邀请爸爸妈妈带孩子到超市体验购物、收银的过程。 **观察记录：** 今天的自主游戏，亮亮还是第一时间拿到超市售货员的衣服。这次他来到小超市，依然拿着他最爱的收银机，但是他没有拒绝与小伙伴之间的交往，当小伙伴把茄子交给亮亮时，他把茄子放在收银机的称盘里，轻轻按了一下数字，然后把茄子拿起来给小伙伴。从拿起茄子的动作，可以看出亮亮的自信与荣誉感。这时候另一个小朋友走过来说："我想要那个生日蛋糕。"这次亮亮没有拒绝，而是马上把蛋糕递给小伙伴，小伙伴说了声："谢谢。"然后伸手"付钱"。亮亮很自然地接过"钱"，娴熟地按开收银机的存钱柜，把"钱"放进去，并关上柜子，然后继续为下一个小朋友称茄子。整个游戏的过程自然、流畅，虽然亮亮在这个游戏的过程中没有一句对话交流，但是从交往的动作中，可以看出亮亮的进步和自信，这份自信来自与伙伴相处的融洽。 **思考分析：** 孩子在与同伴交往中往往会因为以自我为中心而屡屡受到挫折，也会因为和同伴的矛盾争执而感到焦虑。当孩子在游戏中找到与伙伴相处的方法并和谐共处的时候，能够得到正向激励，找到交往的方式，并从中获得自信。 **镜头三：** **游戏背景：** "为我服务的人"主题下的混班自主游戏开展到第三个月，孩子们体验的角色越来越多，从厨师到服务员到医务人员。在角色游戏过程中，孩子们都将自身的经验迁移到游戏中，在这个过程中，孩子们也在互相交往中逐步获取更丰富的信息，学习别人的经验技巧，与别人互相沟通、协调，共同合作完成一些事情。

观察时间	2019年10月1日至2019年12月30日		
幼儿姓名	亮亮	班别	中班
观察老师	曾庆丹		
个案跟踪记录	**观察记录：** 今天的自主游戏，亮亮没有做好计划，他一开始只是手插口袋到每个区域去观察和巡视。15分钟以后，亮亮拿起柜子上的听诊器，放在正在玩医院游戏的伙伴们的桌面上。他回头看了一眼正在游戏的小伙伴，然后在架子上挑选了角色服装。他拿起一件粉红色的护士服，一边走近伙伴们，一边穿护士服。小伙伴们说："老师，你看亮亮穿护士服。""他是男的。"这时候，亮亮只是笑笑，并且坐下来操作起了针筒等材料。 过了一会儿，亮亮起身到箱子里拿来一个玩具棉娃娃，放在"病床"上，并尝试让小伙伴和他一起游戏。但是，亮亮在邀请的过程中没有说话，只是用左手轻轻摇晃了一下戴着听诊器的小女孩的右手，然后用左手指了指"病床"上的娃娃。显然小女孩没有理解亮亮的邀请，继续和旁边的伙伴交流，亮亮只好走回桌子旁边，找了一个玩具回到"病床"边，又折回来拿针筒，还弯腰尝试用眼睛与小伙伴们交流，但是，没有语言的交流，没有得到回应。这时候有个小男孩尝试与他交流，给了亮亮一个玩具车，但是并没有影响亮亮护士的角色，他选择继续坐下来摆弄桌上的材料。这个过程中穿白色衣服的小女孩主动与亮亮交流，但是亮亮始终不说话，只是点头。然后，亮亮用动作跟穿白衣服的女孩表示他需要听诊器，小女孩告诉他："医生才使用听诊器。"于是他脱下护士服装，换上白大褂，同时顺利拿到了听诊器。在所有装备齐全后，他继续回到"病床"边为布娃娃看病，非常专业地把听诊器放在娃娃头上认真地倾听，还时不时喃喃自语，就这样专注认真地听着，完全不受影响。过了一会儿，他回到桌子旁，拿了针筒，为娃娃打针，接着换了一个针筒又打了一针，然后用听诊器继续诊断。这时候，有小伙伴说："那边着火了，有人受伤了。"于是亮亮和医生们一起加入了救援，救援结束后，亮亮又默默回到"病床"前继续为布娃娃诊断。 **思考分析：** 在今天的游戏中，亮亮一直在尝试与伙伴合作游戏，他在需要玩具或材料的时候，没有再使用直接争抢的方式，而是尝试用沟通的方法。而在游戏过程中亮亮一直不使用语言与同伴交流，相信他自己也能在没有语言的交流中体验到沟通失败。

续 表

观察时间	2019年10月1日至2019年12月30日		
幼儿姓名	亮亮	班别	中班
观察老师	曾庆丹		
个案跟踪记录	从今天的游戏中可以看出，亮亮已慢慢融入集体中，也愿意在游戏中与同伴合作和交流，逐步从自我、拒绝的模式转向合作与协调。但是，亮亮在语言的沟通交流上还是存在不足。通过与家长沟通了解，亮亮学说话比较迟，到现在还存在发音不准的现象，他会因此而不愿意说话，而是用动作表达，这或许就是在游戏中他不愿意语言交流的真正原因。接下来，教师将在语言表达方面多给予亮亮帮助、支持和鼓励，树立亮亮大胆发言的信心，支持他与伙伴合作游戏的逐步发展		
幼儿个案跟踪的效果	中班是孩子交往能力发展的萌芽时期，也是关键时期。买卖游戏情节能够提升幼儿与他人的交流能力和语言表达能力，也能提升幼儿自身发现问题与解决问题的能力，这个过程就是一个小小社会的缩影，折射出幼儿的社会适应能力与生活能力。在此案例中可以看出，亮亮在游戏中呈现以自我为中心的特点，游戏的目标是得到玩具，并且不愿意分享，导致在游戏中不合作和游戏情节单一，整个游戏的过程中，只有自己在操作收银机，而没有其他伙伴的参与。 生活经验是孩子游戏的动力和来源，由于家长的配合以及日常活动的渗透，亮亮对收银员角色有更明确的定义，在游戏中也能将所看到的运用于游戏中，获得直接经验，从而促进了他与同伴交往的和谐。今天的游戏中，亮亮不再一个人霸占着收银机，独自游戏，而是学会了运用生活中的经验，尝试与同伴合作游戏		

广州市白云区景泰第二幼儿园幼儿
个案跟踪记录

——熙熙入睡了

观察时间	2020年9月11日至2020年9月30日		
幼儿姓名	熙熙	班别	大二班
观察老师	冯雪杏		
跟踪原因	开学以来，本班整体午睡情况都保持良好，但有一位叫熙熙的小朋友，由于有一种特别的行为表现，很快就引起了我们的注意。他每天基本不午睡，但是他会在午睡开始后20分钟内自觉遵守幼儿园的午睡规定，先是乖乖地躺下并且做到不说话、不打扰身边的同伴。但是20分钟时间一过，他就会一直玩弄被子，如果老师不提醒督促，就会躺在床上玩一个中午。虽然这样玩不会影响其他幼儿午睡，但是由于睡眠不好，下午时间他常无精打采和注意力不集中，间接给他的安全与学习带来影响。因此，出于以上原因，老师每次都跟随他如厕，时间长了发现他要么就是尿不出，要么就是蹲着并没有排泄物。开始我们以为这是幼儿不想睡觉的借口，后来问急了他就不愿意回答老师的问题，有时干脆只是着急地哭		
幼儿情况分析	发现问题后，我们第一时间私下找家长了解孩子在家的睡眠情况：熙熙从小就不喜欢睡觉，在睡觉方面父母没有给他过多的要求，特别是在作息时间上比较忽视。因为他不喜欢睡觉，所以晚上也睡得比较晚，周末休息在家时更是睡到自然醒。因此，他在家里更没有午睡的习惯，也没有养成早睡早起的良好习惯。而频繁想上厕所则是因为他担心自己尿床，过于焦虑，习惯不到十几二十分钟就去一趟厕所，这样才有安全感，并非老师思维定式中"不想睡觉故意要去厕所玩"的缘由		

观察时间	2020年9月11日至2020年9月30日		
幼儿姓名	熙熙	班别	大二班
观察老师	冯雪杏		
目标措施	（1）通过"我是大班大哥哥"的心理暗示方法，与幼儿建立午睡约定，帮助幼儿克服心理焦虑的问题。 （2）及时与家长沟通交流，采取家园同步要求、双管齐下的合作策略，打破幼儿园有要求、家里无底线的教育局面。 （3）建立正常的如厕和午睡习惯，为良好的安全意识和学习习惯养成奠定基础		
个案跟踪记录	**镜头一：9月2日—9月11日** 开学几天了，熙熙根本没法静静地躺在床上午睡，时常东转西翻，有时还会在床上手舞足蹈。这些小动作直接影响其他小朋友的午睡，所以值班老师总会去制止他。这时，他的表情看起来很难受、很委屈。于是，老师就陪着他，悄悄地和他说话，给他讲故事，他慢慢地安静下来，我告诉他，如果再动的话会影响其他小朋友，他朝我点点头。 分析：孩子只在情绪很主动的情况下才能接受意见、懂道理，所以我采取了先讲故事后陪他的策略。 **镜头二：9月14日—9月18日** 熙熙每天能够安安静静地躺在床上睡觉20分钟了，这时，我开始尝试让他睡觉的时间更长一些。于是我守着他，轻轻拍着他的背，几分钟后他睡着了。但是过了一会儿他就又醒了，出现相隔10分钟要去一趟厕所的情况。连续几天我发现他都是如此，于是就开始限制他去厕所的次数，并且在每次午睡前都提醒他一定要去厕所上干净，不要在午睡时频繁上厕所影响别人。刚开始还好，后来限制去厕所次数多了，他就开始哭起来。 分析：刚开始，我以观察到的情况推测，孩子不想睡觉可能是因为在家里家长没有对他进行严格要求，从而养成了这样的习惯。只要老师加强管理，他一定会有所改变。但是，我又发现就算守着他，他睡的时间也不是很长，最多几十分钟。发现他频繁去厕所这一问题后，我们马上询问家长，了解了幼儿在家睡眠的相关情况，并且采取了不责怪、面对面加强安抚的方式，让其逐渐减少去厕所的次数，不断强化其行为习惯。 **镜头三：9月21日—9月30日** 与家长了解详细情况后，这段时间在起床的时候，我开始尝试和他耐心地谈话，并且尝试减轻他害怕尿床的心理负担，使其树立"我是大班大哥哥，没有做不到的事情"的自信心，并与他约定：他觉得想上厕所了，就大胆举手知会老师，不要用哭的方式解决问题。他听完后笑着点点头，仿佛放下了心底的石头，承诺做一个守信用的好孩子。他还告诉我们，他在家确实也睡得比较晚，他说，在家里我每天想睡了才会上床睡觉，不像在幼儿园，我不想睡觉但是还要上床睡觉，所以我就不喜欢睡觉。

续 表

观察时间	2020年9月11日至2020年9月30日		
幼儿姓名	熙熙	班别	大二班
观察老师	冯雪杏		
个案跟踪记录	分析：孩子主要是良好的睡觉习惯没有养成，加上家长的教育方法比较自由、民主、开放，对他没有严格的要求，就造成了现在这种情况。孩子不喜欢睡觉是因为睡不着，而并不是真的不想睡，所以他心理的障碍还是需要教师放下成见去关心他，这样问题才能得到解决		
幼儿个案跟踪的效果	采取措施后的进步：通过对幼儿的细致观察、记录分析，和家长积极交流沟通，家园合作，培养了孩子健康的作息习惯，促进了孩子良好的睡眠习惯的养成。现在他在家里的睡眠时间有了改善，在幼儿园午睡时如厕次数逐渐减少。这证明教师的一系列措施除了给予幼儿积极的心理暗示外，并给幼儿带来了更多安全感，同时更好地促进了幼儿良好睡眠习惯的培养，为良好的安全意识和学习习惯养成奠定了基础		

广州市白云区人和镇蚌湖幼儿园
幼儿个案跟踪记录

——自信的诗婷

观察时间	2020年9月7日至2020年9月30日		
幼儿姓名	诗婷	班别	大一班
观察老师	刘翠兰		
跟踪原因	诗婷是一个漂亮、内向、有点腼腆的小女孩。早上入园时不会主动向老师和同伴打招呼、问好。在幼儿园里，她喜欢独来独往，不愿意和老师、同伴沟通与交往，说话声音很小		
幼儿情况分析	诗婷是我们班的一位小女孩，早上入园时不会主动向老师和同伴打招呼。在幼儿园里，她喜欢独来独往，不愿意和老师、同伴沟通与交往，说话声音很小，规则意识比较薄弱，学习能力和交往能力也一般，衣服很多时候都是不合季节的，自理能力尚可。在与家长沟通后了解到，家里有一个姐姐和一个弟弟，爸爸妈妈平时工作很忙，接送都是由爷爷负责。因为家里孩子多，家长有点重男轻女的思想，所以对诗婷关注较少		
目标措施	（1）及时和家长进行沟通交流，发现小朋友有一点点的进步，及时肯定和表扬，建立幼儿的自信心。 （2）平时多与她聊天，多关注她，让她接受老师，感受到老师的爱，让她在幼儿园有归属感。 （3）集体活动中，一些比较简单的问题就多请她回答，多表扬她，建立她的自信心。 （4）建议家长即使再忙再累，也要抽出时间与孩子专心交流，耐心听她说话，听她诉说在幼儿园中的每一件事		

续 表

观察时间	2020年9月7日至2020年9月30日		
幼儿姓名	诗婷	班别	大一班
观察老师	刘翠兰		

<table>
<tr><td rowspan="1">个
案
跟
踪
记
录</td><td>

镜头一：9月7日—9月11日

作为大班的孩子，早上入园基本能主动与老师打招呼、问好，说话的声音也比较响亮。开学一周了，诗婷小朋友早上入园时，老师主动说："诗婷，早上好！"小朋友也跟她说："诗婷，早上好！"她站在那里低着头，一声不吭，一连几天都是这样，有时候虽然会回应和点头，但是声音非常小。这时候，我轻轻拉着她的手蹲下来说："老师和小朋友跟你打招呼、问好，你也要跟老师和小朋友打招呼、问好，这是一种礼貌，要做一个有礼貌的孩子哦。还有老师也想听听你打招呼、问好的声音。"她朝我轻轻地点点头。

分析：孩子是一个独立的个体，拥有自己的思想，要想与孩子的沟通有效，就要做到换位思考，这样才能了解孩子，实现有效沟通。蹲下来与孩子说话，孩子就不必仰视老师，关系变得平等了。关系平等了，距离也近了，师生之间可以温和说话，有效沟通。

镜头二：9月14日—9月18日

诗婷小朋友早上入园，有时能主动与老师、小朋友打招呼、问好，但声音还是很小，甚至有时只是见到她嘴巴动了一下。在集体活动时，孩子们都很兴奋、积极地回应老师，但诗婷小朋友眼睛不敢注视老师，总是低着头，只顾玩自己的手指或衣服。老师提问时，她不是愣愣地站着不出声，就是回答问题的声音很小，老师需要走到她身边才能很费力地听清她说什么。

分析：在活动中，我一直观察诗婷小朋友，思考着这是为什么，是什么原因让诗婷小朋友这么不自信，是我组织的活动吸引不了她，还是我们没有给予她足够的安全感，致使她不敢正视我们，不敢与我们交流？于是我与家长沟通，了解到诗婷在家里的情况：爸爸妈妈平时工作很忙，接送都是由爷爷负责，老人家有点重男轻女的思想，每天回家后就让诗婷自己玩，很少与她沟通交流，对孩子提出的需求多是否定。爸爸妈妈晚上回到家，诗婷已经睡了，亲子交流的机会也很少。

镜头三：9月21日—9月30日

经过两周的观察及与家长的沟通，诗婷小朋友早上入园基本能主动与老师、小朋友打招呼、问好，声音比原来有所提高，有一定的进步。于是我表扬她，说她的声音真好听。在集体活动时，她也会时不时跟着老师一起动起来，但注意力还是不够集中，有时还会躲躲闪闪。当需要回答问题时，她有时会扭扭捏捏，但也敢说一些，声音较之前响亮了一些。对于她一点点的进步，我都给予鼓励和表扬，并及时与家长沟通，让家长配合建立其自信心。
</td></tr>
</table>

续 表

观察时间	2020年9月7日至2020年9月30日		
幼儿姓名	诗婷	班别	大一班
观察老师	刘翠兰		
个案跟踪记录	分析：每个孩子都是独一无二的礼物，但最终成为什么样的人，取决于如何教育。一个是家庭教育，一个是幼儿园教育，作为教育工作者和为人父母，在日常生活中不应该吝啬给予孩子鼓励教育，孩子只有得到老师与父母的关注和赞赏，才能成长为充满阳光自信的人		
幼儿个案跟踪的效果	我根据诗婷的情况制定了一系列措施：①及时与家长沟通，发现诗婷有一点点进步，及时肯定和表扬。②尊重孩子，把孩子当作一个有思想的个体，不要居高临下地去否定孩子、差遣孩子。③建议家长即使再忙再累，也要抽出时间与孩子专心交流，耐心听她说话，听她诉说在幼儿园中的每一件事。经过一段时间的观察和引导，诗婷变化越来越大，妈妈说她现在喜欢上幼儿园，每天早早起床等着上学，回到幼儿园主动与老师、小朋友打招呼，放学回家也会主动跟妈妈分享幼儿园里的一些趣事，说喜欢老师，喜欢跟老师一起做游戏。上课注意力不集中也有一定的改善，小眼睛会追随着老师，不再是低着头玩衣服或手指了，有时还会举手回答问题。老师和她说话的时候能够响亮地回答老师的问题，有时候还会和老师聊一聊有关自己的小秘密。在做游戏的时候会主动找小朋友玩，脸上的笑容也越来越多。妈妈说这段时间诗婷的变化很大，像换了一个人似的，信心满满，非常感谢老师对孩子满满的爱，同时也意识到孩子的成长需要家长的陪伴。孩子的自信是对自己作为一个人的价值的肯定，从根本上讲来自父母无条件的爱。所以，作为家长无论多忙，也要多花点时间陪伴孩子，倾听孩子的想法，看见孩子的需求，为孩子积累自信的底气和将来乘风破浪的勇气。作为教育工作者，我们要为孩子创设宽松、鼓励、肯定的语言环境，建立孩子的自信心，为孩子组织各种活动，让孩子在体验中获得成功，培养孩子的自信心，在一点一滴的生活情境中发扬其优点，弱化其缺点，从而增强和树立孩子的自信心		

广州市白云区华师附中实验幼儿园
幼儿个案跟踪记录

——乐高管理员的成长

观察时间	2019年9月2日至2019年9月30日		
幼儿姓名	小派	班别	大三班
观察老师	周冠苏		
跟踪原因	集体活动中，小派经常异于其他幼儿的行为，为了深入了解该幼儿的行为动机以及纠正这些不利于群体生活的行为，帮助幼儿融入集体生活，养成良好的行为习惯，做好幼小衔接工作，我们便对小派进行了个案跟踪		
幼儿情况分析	小派小朋友是一个我行我素、沉默寡言、自律性较差的孩子。喜欢根据自己的意愿去做任何事情，不论时间、地点，在上课时，会在课室内到处自由行走，对于老师的温馨提醒，充耳不闻，特立独行。思维能力和学习能力较强，喜欢动手操作，对拼接积木感兴趣，但生活自理能力较弱		
目标措施	目标： 记录幼儿的各种不合群行为，与家长进行沟通，了解幼儿的心理，制订相关的干预方案，加强心理干预和心理暗示，帮助幼儿改变不良行为。 具体措施： （1）以视频和个案描述的方式记录幼儿的各种不良行为。 （2）进行家访、电访等，持续与家长进行沟通，了解幼儿在家的行为情况。 （3）巧妙利用幼儿的兴趣点进行引导。 （4）利用同伴榜样的作用，强化孩子的模仿行为。 （5）指派幼儿喜欢的任务，锻炼幼儿的自我控制能力		

观察时间	2019年9月2日至2019年9月30日		
幼儿姓名	小派	班别	大三班
观察老师	周冠苏		
个案跟踪记录	**镜头一：9月5日—9月13日** 早上早接的时候，家长带着孩子来园，老师向孩子和家长问好："小派，早上好！"爸爸笑笑不语，而孩子则没有半点反应，看了看老师，什么话都没有说，直接走进幼儿园。回到课室，老师请小朋友去洗手喝水，其他小朋友相继完成，但是小派坐在自己的位置上无所事事，对于老师的话无动于衷。 分析：鉴于家长对教师的礼貌问好不够主动的行为分析所得，孩子的不主动和家长的影响有一定的关联，于是我决定先从家长的行为和沟通开始，通过家长的行为，直接影响孩子。另外在班级上，调整座位，让小派坐在积极主动的婉婉旁边，让榜样的力量带动孩子。 **镜头二：9月18日—9月24日** 到了幼儿园的自主游戏活动时间，小派最喜欢的就是积木构建区域，一听到自主游戏的音乐响起，小派就冲到积木区，专心致志地进行了大型积木的拼搭。当小派非常专心地搭建作品的时候，小朱过来了，也想一起参与搭建，并和小派合作，但是小派抓起积木，非常生气，不愿意和小朱合作："你走开，我不要和你一起玩！"接近一个小时的自主游戏时间里，他都能高度集中注意力，独自完成一个比较大型的作品设计。 分析：积木建构是小派最喜欢的游戏，但是在游戏活动当中，他只愿意自己搭建，不愿意和其他小朋友合作，对于其他小朋友的合作请求，也不能很好地进行处理或者拒绝。通过之前与家长的沟通得知，小派在乐高构建方面报了课程，非常喜欢，于是我决定把积木区的管理员这个角色交给小派，并明确了管理员的职责和任务，同时告诉他当管理员可以每次都参与积木搭建。这样，小派接受了管理员一职，并通过老师的引导，慢慢担起了"指导员"的角色，负责指导其他小朋友进行创作，慢慢地能和小朋友融为一体，共同合作了。 **镜头三：9月26日—9月30日** 大三班进行了园内半天活动公开，半天活动下来，小派基本能跟着老师的节奏进行集体活动，与同伴也有了较为友善的互动和交流。喝水环节，小派是最后一个喝完水的，喝完以后能主动关上杯架门；上课环节，一个活动30分钟下来，举手回答问题5次；午餐环节，自己吃饭，吃完后收拾好自己的座位，还协助同桌想收拾整理；午睡的时候，虽然还是比较难入睡，但是基本能躺在床上，不会走来走去。		

观察时间	2019年9月2日至2019年9月30日		
幼儿姓名	小派	班别	大三班
观察老师	周冠苏		
个案跟踪记录	分析：通过一个月的家园共同合作，小派的行为得到了一定程度的改善。从半天观摩可以看出，小派的自我控制能力、与同伴沟通合作能力已经有了很大的提升，但是在午睡习惯方面，还需要继续进行强化和寻找原因，让他能保证中午的睡眠时间和质量。后期我将继续保持与家长的沟通，调整小派上午的运动量，让他能在中午尽快入睡		
幼儿个案跟踪的效果	1.教师采取的具体措施 （1）回园时教师主动与该名幼儿打招呼，并与爸爸沟通，让爸爸发挥榜样作用，潜移默化地改变孩子的行为。 （2）通过同桌的榜样作用，带领小派模仿和改进，学习榜样小朋友的良好行为习惯，耳濡目染。 （3）教师及时表扬并展示小派的积木拼搭作品，并邀请他当积木区的管理员，负责管理积木区的纪律和材料。 （4）持续与家长进行沟通，请家长配合老师，在家按照幼儿园的作息和要求，严格要求其行为习惯。 （5）各项活动中，注意多关注，发现他有进步，及时表扬和鼓励。 2.效果分析 （1）通过家园合力，孩子的不良行为得到了改善，能慢慢融入集体生活当中。教师注重对孩子的观察和分析，抓住了幼儿求关注、好表现的心理，对症下药，开出了强关注、加荣誉的良方，促使幼儿心理上得到很大满足，增强了幼儿对教师的信任度，在促使其行为改善之余，提升其自我控制能力。 （2）教师长时间对孩子进行追踪和观察，做好相关记录，并从心理的角度进行分析和介入，采取了适当的介入方式，让孩子在不知不觉中，行为习惯得到改正，养成良好的行为习惯。教师的介入行为不仅考虑到了孩子的实际情况，还避开了批评和强硬的手段，很好地保护了孩子幼小的心灵，让他在美好的环境中逐渐取得进步		

广州市黄埔区育蕾幼儿园幼儿个案跟踪记录
——佳佳进步了

观察时间	2020年9月21日至2020年9月25日		
幼儿姓名	佳佳	班别	大一班
观察老师	曾向花		
跟踪原因	佳佳在午餐前的等待环节都会制造点麻烦，这是否已成为一种规律？到底是什么原因导致他产生这种行为？怎样帮助他改变这些不良习惯？怎样帮助他养成良好的行为习惯，从而替代先前的消极行为习惯呢？这些问题引发了我们的思考，我们也希望在生活环节中，采取各种措施改变幼儿无法安静等待的不良习惯，引导他学会安静等待		
幼儿情况分析	佳佳每次到了午餐前的等待环节都会制造点麻烦，以引起大家的注意，如坐在座位上左右摇摆，把椅子弄得咯吱咯吱响，嘴里发出各种怪叫声。每每有人向他投来关注的目光，他就会变本加厉，做出更多奇怪的行为		
目标措施	自然后果法：让幼儿体验感受自身的不良行为及习惯导致的后果，让他不想面对这种后果，从而愿意去改善自己的不良行为习惯。本案例中主要是采用推迟他最爱的进餐时间的方法，让他学会餐前等待。 表扬鼓励：对幼儿的积极行为进行表扬、鼓励等，让他在改变不良行为习惯的基础上，感受到好的行为习惯的好处，从而愿意产生更多的积极行为		

续 表

观察时间	2020年9月21日至2020年9月25日		
幼儿姓名	佳佳	班别	大一班
观察老师	曾向花		

个 案 跟 踪 记 录	**2020年9月21日，星期一，午餐时间** **镜头一：** 进入大班，我们要求孩子能坚持更长的等待时间，以锻炼他们的自我管理能力。大部分孩子都有了很大的变化，唯独佳佳的变化总是很缓慢。午餐时间到了，按照我们的约定，最安静的组最先被邀请取饭菜。闻着香喷喷的饭菜，全班的小朋友都坐得端端正正，等待美好进餐时间的到来。唯独佳佳，坐在座位上左右摇摆，把椅子弄得咯吱咯吱响，嘴里还发出各种怪叫声。他的这些举动引来了全班的关注，我走到他边上，提醒他安静坐好等待，他反而叫得更欢。看来，他很享受被大家关注的感觉。考虑到今天是星期一，过了一个周末，常规差一点也正常，我便不再理他，暂且放他一放。 于是，按照我们的约定，一组又一组的小朋友都开始进餐了，他乱叫的声音开始变小了。当佳佳同桌的其他几个小伙伴也开始进餐时，他彻底安静了。他走到餐车旁，跟分餐老师说："老师，我要拿饭！"我平静地跟他说："你喜欢乱叫，我们请你乱叫吧！"特别爱吃的他哪能接受，于是开始哭闹。我们则不理、不哄、不批评，温和而坚定地假装不再关注他，而是一个劲地问小朋友们"饭菜好不好吃""要不要添"，以增添他心里的危机感——万一饭菜没有了可怎么办。听到我们的对话，他哭闹得更厉害，生怕没有饭菜被饿肚子。 看他哭得差不多了，我问他："你什么时候不哭闹，我们就请你吃饭吧！"他一听，马上停止了哭闹，并且调整了坐姿，端端正正的，让人有点难以相信他有这么好的状态。看到他自己停止了哭闹，态度和坐姿有了特别大的转变，我轻轻地走过去，问他："想吃饭吗？"他点点头。"那你知道吃饭前要怎么做吗？""要安静坐好！""以后能做到吗？""能！"看他认真回答，我马上软下口气："今天老师给你一次机会，原谅你，请你和大家一起进餐！下次就不能再给机会了哦！请你记住！"他狠狠地点了点头，然后认真地去拿饭了，也不再像以那样东摇西晃了。看来这次的"禁餐"对他起到了不小的作用。 **2020年9月22日，星期二，午餐时间** **镜头二：** 又到了午餐前的等待时间，目测一下，班上有那么几个孩子还有点管不住自己，我瞄了一眼佳佳，他也在和邻座的小伙伴聊天。我轻轻走到他面前，看我走过来，他马上停止了说话，也调整了坐姿。虽然还没有完全做到听指令管理自己，但是比起昨天有了很大进步。

续　表

观察时间	2020年9月21日至2020年9月25日		
幼儿姓名	佳佳	班别	大一班
观察老师	曾向花		
个案跟踪记录	本来想问他"今天想不想早早被邀请取餐",话到嘴边立马改了口:"佳佳,你今天比昨天进步很大哦,老师一提醒,马上就安静坐好等待了,会改正错误是很棒的本领哦!"他听了这席表扬、鼓励他的话,非常受用,身子坐得更直,眼睛也更亮了。我乘胜追击,当着全班的面开始表扬他今天的进步表现,并邀请全班幼儿为他的进步和认真点赞,他开心地笑了。 为了让他产生更多遵守规则的行为,我特意早早邀请他去拿餐,并且强调这是为了奖励他认真进步,希望他继续努力坚持。他很开心早早取餐,进餐也特别安静,就连午睡时间也比平时乖了不少,很快就进入了梦乡。 下午放学,我特意打电话和佳佳妈妈沟通孩子今天的变化,并希望她转达我对佳佳的表扬。他妈妈为此特别开心,并一再表示对我们工作的感谢。 **2020年9月23日,星期五,午餐时间** 镜头三: 午餐时间到了,全班小朋友都在安静地等待令人激动的自助餐。我特意看了一下佳佳,他已经安静得引不起我的注意了。看来,第一次"禁餐"的自然后果,让他明白了"违反规则就得承受相应的后果";第二次"奖励"早早进餐,让他明白了"遵守规则才能拥有更多的权利",从而不断地自我管理,才能享受更多的班级权利		
幼儿个案跟踪的效果	佳佳学会主动管理自己的行为,而不再需要他人提醒。自然后果法让佳佳认识到不遵守规则就会承担相应的后果——推迟进餐,而他是胃口比较好的孩子,因此,用取消他最喜欢的事情来督促他限制自己的不良行为的效果非常好。 佳佳体验到自己改变的成功感,形成了良好的行为习惯。老师对他进步表现的积极表扬和评价,让他慢慢淡忘过去老是作为负面形象的消极经验,而开始享受作为正面榜样被表扬的感觉。从心理层面,他建立起了遵守规则感觉很好的意识,也在自信中变得更加自律		

广州市白云区人和镇中心幼儿园
幼儿个案跟踪记录

——祺祺的转变

观察时间	2019年9月5日至2019年9月27日		
幼儿姓名	祺祺	班别	中一班
观察老师	陈柳方		
跟踪原因	最近祺祺在活动时总是喜欢离开集体，跑到走廊区爬书包架、玩观察角的植物、玩木工坊的玩具，户外活动时也是自由走动，想到哪里就一定要去，而且脾气变得很暴躁，也不爱说话，经常跟同伴发生争执，还动手打同伴，甚至经常不愿意跟父母回家		
幼儿情况分析	祺祺是一个很聪明的孩子，天性爱玩，精力充沛，爱说爱笑，与同伴相处友好，但最近变得毫无规则意识，沉默寡言。通过与家长的沟通了解到，最近家庭关系不太和谐，父母跟祖辈在教育祺祺的观念和做法上经常产生分歧，父母想教育孩子，但爷爷奶奶总是惯着，不让父母管教，以致家里经常发生争吵，甚至还出现打骂孩子的现象。祺祺有以上反常表现，主要原因还是在爱的方面有所缺失，爱的情感得不到满足，所以就用偏激的做法来换取和增加大人对他的关注		
目标措施	（1）与家长沟通，了解孩子在家情况，并向家长反映祺祺在园情况。 （2）建议家长多看有关家庭教育、幼儿心理学、亲子关系等方面的书籍，提高教育能力，并对孩子进行有效的陪伴。 （3）教师要多关注孩子、拥抱孩子、与孩子聊天，让孩子感到老师对他的关心和爱护。 （4）多给予孩子表现的机会，建立孩子的自信。 （5）引导祺祺参加集体活动，并给予他小任务和管理的权限，如做班长、小组长等		

续 表

观察时间	2019年9月5日至2019年9月27日		
幼儿姓名	祺祺	班别	中一班
观察老师	陈柳方		
个案跟踪记录	**镜头一：** 区域活动时，孩子们都在区域里面活动，祺祺跑到走廊，先是给观察区的植物浇水，弄得满地都是水，然后又把肉肉植物一棵一棵地拔出来，老师问他："肉肉离开泥土会怎样呢？会不会哭呀？"祺祺想了想说："它为什么会哭，泥土是它的妈妈吗？""对呀，泥土就是它的妈妈，它离开了妈妈就会伤心，你离开妈妈也会不开心，对吗？"祺祺沉默了。"来，我们赶紧把它送回妈妈的怀里好吗？"祺祺没有说话，默默地跟着老师把泥土和肉肉都铲回花盆里。 **镜头二：** 小朋友们去玩滑滑梯，祺祺站在滑梯的楼梯口，只要有人要上楼梯，他就张开手臂挡住，好几个小朋友都找老师投诉他，他不但不改，还推倒了好几个小朋友。于是，老师想了个办法，找了个交通灯，过去跟他说："祺祺，我想请你来帮老师一个忙，上楼梯的人太多了，这里需要有交警来维持秩序，你愿意做交警吗？""嗯，我愿意！"于是，祺祺拿着交通灯，站在楼梯口，指挥着同伴们上下楼梯，大家玩得很开心。回到班级小结时，老师让大家说说今天玩滑滑梯的感想，还特意引导大家说说"交警"的工作，一起表扬了祺祺，他害羞地露出了自豪的笑容。 **镜头三：** 妈妈来接祺祺回家，但祺祺仍然在操场玩车子，妈妈和老师叫了好几次，他就是不愿意走，说："我还没玩够，我不想回家。"老师问他："为什么不想回家？""回家没意思，什么都没得玩，又没人陪我玩。老师，你陪我玩吧。"老师把祺祺抱在膝上，说："我也很想跟你玩，但我家的小妹妹等着我回家陪她呢。要不你跟妈妈说让她带你去隔壁的儿童乐园玩好吗？""不要！妈妈不肯带我去的！"于是，老师过去跟妈妈沟通了一下，最后，妈妈在老师面前和祺祺拉钩承诺，祺祺才愿意离开幼儿园跟妈妈一起去儿童乐园玩
幼儿个案跟踪的效果	经过老师和家长的努力，祺祺有了较大的进步，开始回归集体，规则意识明显增强，能跟同伴一起参与活动、遵守活动要求和规则，不再独自行动，不再跑到走廊和其他地方去玩，而且还从家里拿来了几盆肉肉，当起了班上的小园丁，每天负责监督值日生照顾班级的植物。开始有了集体意识，经常主动帮助同伴和老师，抢着擦桌子、收拾玩具等，性格也开朗了很多，特别是跟老师的关系很好，总是跟着老师，拉着老师的手，跟老师说悄悄话。父母对祺祺的教育方式方法有了很大的转变，开始注重和孩子、祖父母的沟通，并能站在孩子的角度去处理问题，所以祺祺跟父母的关系越来越融洽了

广州市白云区京溪第二幼儿园
幼儿个案跟踪记录

——"小霸王"点滴成长记忆

观察时间	2019年9月10日至2020年12月21日		
幼儿姓名	宁宁	班别	大A班
观察老师	田芳		
跟踪原因	宁宁是幼儿园的"新闻人物",来园仅一个月的他却成了我们班出了名的"小霸王"。只要有人想和他分享东西,他就会怒发冲冠,要么毫不客气地将同伴推倒,要么挥手就打,被他欺负的孩子对他都害怕三分。家长们说起宁宁也是直摇头,经常提醒我们,活动中尽量让自己的孩子远离宁宁,唯恐自己孩子再受欺负		
幼儿情况分析	这位"小霸王"相对于同龄孩子来说,确实有不少特别之处,如无缘无故打人、抢玩具、与小朋友不和睦等,也有一定的攻击性行为,在班级里有一定的"威信",没有好朋友。开展活动时,规则意识较弱,喜欢插嘴,好动,完成任务缺乏持久性。但有时候又能主动为老师、为集体做事。在家里,因为是独生子女,所以爷爷奶奶特别宠溺,要什么给什么,形成了"唯我独尊"的性格。加上骨骼大、身体微胖,相对同龄幼儿来讲又高又大,平时在小区里闯祸后,家人总帮忙找理由推脱,慢慢拥有了"小霸王"的称号。个人的行为习惯也被家人宠溺得自我、随意,不懂文明礼仪,更不会遵守规则意识。家长都是高级知识分子,爸爸妈妈也算是通情达理之人,但偏偏在孩子的教育问题上比较自我、比较袒护孩子。家长对于老师对孩子不良行为的温馨提示和良好建议,态度是配合的,但实际行动却未见改观,也促成了孩子不良行为习惯的产生,导致同伴不愿意与他接触和交往		

观察时间	2019年9月10日至2020年12月21日		
幼儿姓名	宁宁	班别	大A班
观察老师	田芳		
目标措施	（1）通过创设"小老师""小帮手"等机会，逐步增强幼儿的自控能力，培养他的专注能力。 （2）在活动中，正确对待幼儿的攻击性行为，通过各种方法，有意识地树立宁宁在集体中的信任度，让同伴真正亲近他、接纳他。 （3）通过与家长交流，取得家园教育一致，帮助宁宁养成良好的行为习惯，提高其交往能力		
个案跟踪记录	**镜头一：** 早上来园活动时，小朋友们正自主活动着，忽然听见"哗啦"一声，建构区的积木被打翻了，紫玉连忙向我告状说："老师，都是宁宁弄的。"宁宁很激动地摊开双手说："我没有，不是我。""紫玉你瞎说，我不喜欢你了。"这时，很多根本就不知道原因的小朋友也把矛头直指宁宁："一定是他弄的，他总是欺负人。"你一言我一语的指责让宁宁很生气，他一脚就踢开了脚边的积木："不理你们了！"说完，扭头就要走。我把宁宁轻轻拉到一边，问道："到底怎么回事？积木怎么会倒呢？"宁宁气呼呼地嘟起嘴巴："我看见紫玉搭的房子挺漂亮的，就想去看看。她不让我看，还用手和身体遮着，然后房子就倒了，真的不是我弄倒的！"这件事情发生后，我没有武断地"一边倒"地指责宁宁，而是牵着他的小手向紫玉说明他欣赏作品的真心意图，告诉紫玉，宁宁并非想要去破坏，而是喜欢小朋友的一种表现，只是表达的方式有些欠妥，我们要温和交流与沟通，并且列举了宁宁平时为集体做的点滴好事。宁宁似乎感到很意外，意外我并没有生气指责他，反而是选择相信他，还帮他向小朋友解释，小朋友们也在我对他的帮助与信任下理解了他的另类表达方式与行为。慢慢地，他居然向我投来"谢谢"的眼神，这让我窃喜。当孩子本性善良却行为欠妥时，教师适当地帮助他建立与同伴之间的友谊，能帮助他在意识和行为习惯上都有所改变。 **镜头二：** 游戏活动时，宁宁站在台阶上挥动着手臂，很神气地学交警指挥车辆。我走过去对他说："你做得真好，真像一个小交警。现在，老师和几个小朋友扮演司机和乘客，你当交警，我们一起来玩一个游戏。"他听了我的话，用兴奋的眼神望着我，然后又不好意思地低下了头。我鼓励他说："我相信，你一定是一个能干的交通警察，你一定要维护好秩序哦。"他在我的鼓励下，很快再次投入了游戏。同时，越来越多的幼儿来请宁宁帮忙解决问题，他都欣然前往，但是引导同伴的口气还是很强硬："你怎么回事啊？不知道要排好队啊？"对于他的表现，我及时给予了表扬和鼓励，小朋友们也纷纷鼓掌向他表示祝贺。		

观察时间	2019年9月10日至2020年12月21日		
幼儿姓名	宁宁	班别	大A班
观察老师	田芳		

个案跟踪记录	同时也引导他在与同伴交往的过程中说话的语气要柔和一点，要有礼貌，这样别人才能更加喜欢讲道理的"小交警"，他表示同意，说话的语气也由原来的霸气慢慢变得温和有度。 **镜头三：** 早上晨间活动时，孩子们在教师的关注下开心地游戏着，宁宁在我的注视下明显乖巧了许多，没有做出捣乱的行为。于是，我便有意走到另一边，指导其他孩子游戏。可刚离开一会儿，有几个小朋友叫了起来："老师，天天哭了。"我走到天天的身边问怎么了，他哭着说："宁宁抢我骑的车子，还打我的脸！"只见宁宁嘟着嘴巴站在一边，叫着："他先抢了我的车子！"我把宁宁正在骑的车子推了过来，问小朋友："你们看见是谁先抢的车子吗？"小朋友都回答说是宁宁抢了天天的车子！宁宁一听就低下了头。我问他："你是不是想和小朋友一起骑车？"宁宁点了点头说："可他不愿意搭我一起玩。"我说："如果你想玩的话，可以与小朋友好好沟通借来玩，抢别人的东西还打人，是非常不对的，这种行为不仅不能赢得小伙伴的认可，还会让小伙伴慢慢远离你，你应该征得小伙伴的同意，然后一起玩耍，讲文明、懂礼貌的小朋友才能受到大家的欢迎，以后不能再这样了！"他听了点点头，突然跳跃道："我想到办法啦。"瞬间，他跑去跟天天道歉，还和天天协商轮流当司机，就这样，天天也同意和宁宁一起骑车，两个孩子又开心地游戏了。《3～6岁儿童学习与发展指南》中指出：5～6岁幼儿要能够在产生冲突之后解决冲突，进而继续游戏或活动，而不要因为发生冲突就把活动放弃了。所以教师适时介入引导，既化解了矛盾，又保证了游戏的正常进行。 **镜头四：** 宁宁的攻击性行为使他与同伴之间的关系不太融洽，小朋友常常出于害怕而疏远他，满足不了交往需求的他便只好以新的攻击性行为来引起同伴的注意，如此这般形成了恶性循环。这种情况与家庭教育也有一定的关系，家园共育十分重要。为此，我将宁宁在幼儿园的不良行为实际情况与点滴进步向家长如实反映，家长刚开始比较袒护孩子，不大相信老师的真实反馈，我便真诚地邀请家长在孩子不知情的情况下来园观察其在园行为举止，同时也让家长亲身感受幼儿园是怎样帮助孩子慢慢改掉不良行为习惯的——我尽量不在同伴面前损害他的自尊心，注意挖掘他的闪光点，如当他带来乐高玩具时，我就专门请他当小老师，为小朋友介绍、演示玩法并指导同伴玩；当他把散了好久的拼图整理好时，我便夸他手巧，让全班小朋友向他学习；当他从家中带来自己做的手工作品时，我立即把它装饰在教室里；当他上课听得比较认真，还举手回答了问题时，我及时表扬他，并给他贴上小红花；

续 表

观察时间	2019年9月10日至2020年12月21日		
幼儿姓名	宁宁	班别	大A班
观察老师	田芳		
个案跟踪记录	当他帮助老师做事情时,我就以赏识的语气对他说:"宁宁,你真是个勤劳的孩子。如果以后你一直讲文明、懂礼貌,不欺负小朋友,和小朋友好好相处,遵守活动规则,那老师和小朋友会更喜欢你。"……如此,家长认可了幼儿园的做法,也反思了自己的溺爱行为,自主与幼儿园共同配合,在家里适时正确培养孩子良好的行为习惯……家园共育使宁宁逐渐改掉坏习惯,树立自信,感受到集体生活和家庭温暖的快乐,慢慢变成了一个行为习惯较好的孩子		
幼儿个案跟踪的效果	教师在教育过程中要注意根据幼儿的个性特点,研究有效的教育形式和方法因材施教,只有这样,才能真正确保教育的实效性,从而促进每个孩子行为习惯的良好发展,使孩子健康成长。通过这学期耐心细致的教育及引导,这个孩子渐渐地变了,原来的"小霸王"宁宁不再霸道,打人的现象逐渐减少,还学会了与同伴友好相处,温和协商,且经常在班级活动中帮助老师拿、送各种游戏教具,摆放桌椅,并主动帮助生活老师收拾碗筷等。由此可见,教师通过种种引导方式,可以促进孩子良好行为习惯的养成,可以让孩子在集体生活中拥有一定的信任度,让大家真正自愿自主地亲近他、接纳他,他不再是别人眼中的"小霸王"了,而是有着良好行为习惯且受大家欢迎的好孩子		

广州市白云区人和镇中心幼儿园
幼儿个案跟踪记录
——"打架高手"的转变

观察时间	2020年9月8日至2020年9月28日		
幼儿姓名	俊杰	班别	大1班
观察老师	苏建仪		
跟踪原因	俊杰小朋友是班里出了名的"打架高手",也是全园的"新闻人物",每天都有关于他的一些新闻。平时上课,爱做小动作,又喜欢招惹小朋友;活动时更是横冲直撞,毫无约束。在做游戏、玩玩具时,他会偷偷地去抢玩具,抢不到就撒泼哭闹,经常拔出拳头挥向小朋友。他的一对拳头几乎成了他的全部语言。告他状的小朋友接连不断,只要他在,教室便不得安宁。同伴们都不愿与他一起玩,他越来越孤单,越来越多地去打别人		
幼儿情况分析	俊杰是一个活泼好动又聪明的小朋友,他的爸爸文化层次较低,妈妈对他百依百顺,从不对他提任何要求。俊杰在家不听话,他爸爸却相信"棍棒底下出孝子""不打不成器",很少跟他讲道理,经常用暴力来教育他,久而久之,在爸爸的影响下,俊杰养成了打人的不良行为。在幼儿园,他也非常想和别人交流,可又因为表达的方式与众不同,小朋友都不喜欢他,都不愿意与他一起玩		
目标措施	(1)观察孩子,正确对待俊杰的攻击性行为。 (2)家园合作,做到循循善诱,以理服人;同时要求俊杰的妈妈改变其与爸爸截然不同的做法,不要去迁就孩子的不良行为,多了解俊杰的闪光点,培养孩子的生活习惯。 (3)班里开展讲文明、懂礼貌活动,营造团结友爱、互相帮助的氛围来感化他。 (4)扬长避短,多看到他的闪光点,以表扬鼓励的方式教育、引导他		

观察时间	2020年9月8日至2020年9月28日		
幼儿姓名	俊杰	班别	大1班
观察老师	苏建仪		
个案跟踪记录	**镜头一：2020年9月11日** 在音乐活动时，俊杰跟着老师唱了两句后就开始坐不住了，先玩弄自己的鞋子，然后去拨弄女孩子的头发、衣服，弄得小朋友直嚷嚷："老师，俊杰老是搞我。"请他上前表演，他突然跑到钢琴前，东摸西摸，乱按琴键。我连忙制止后，他就朝小朋友们做了个鬼脸，惹得全班小朋友哈哈大笑，他却像没事人一样，走开了。 在建构区，孩子们正在用积木搭房子、桥、公园等各种建筑，俊杰跑到亮亮前面看了一下，迅速从他们搭好的房子中拿走两块三角形的积木。亮亮他们几个叫道："放下，是我们的。"可是俊杰没理会，往他搭的桥走去。这时，旁边的豪豪一把捉住俊杰的手，俊杰一转身拿起积木就向他的头砸去，嘴里还喊着："打死你！"这时别的小朋友走过来，似乎想一起向俊杰讨个说法。俊杰则握紧拳头、双眼睁大、咬牙切齿地说："我要把你们都打死！"孩子们被他的话吓住了，不知如何是好。 分析：看到孩子的表现，我认为他的攻击性行为主要是自我控制能力不强而表现出来的无意识失控行为。针对他的这一特点，我认为如果过分关注他，只会扩大他的问题和缺点，如果就此采取一些特别的措施，反而会使他感到自己与其他小朋友不一样，是不好的典型，从而更加导致他不能与同伴友好相处。因此，在他出现无意识失控行为时，我会设法加以阻止，但绝不斥责他，也不实施压服教育，以免因自己的主观臆断而伤害他。然后再找适当的机会，了解他的行为动机，耐心地告诉他同伴之间的相处之道，暗示他努力改正缺点。当他稍有进步时，我便马上大张旗鼓地予以表扬、鼓励，让他逐步感受到老师对他的爱和信任。另外，我认为俊杰表现出来的许多行为特征可能与成人的过多关注有关。他已习惯成为人们注意的焦点，一旦别人不注意他，他就会感觉被忽视，就会做出一些过激反应（包括侵犯行为）以引人注意。所以，我常常故意不去关注他的举动，逐渐使他也忽视自己。 **镜头二：2020年9月18日** 我和孩子们站在操场上讨论游戏的规则，俊杰的眼睛直勾勾地盯着羊角球，这时场地上的球只剩下一个了，俊杰和亮亮同时拿到这个球。俊杰大喊："是我先拿到的。"亮亮说："不对，你是跑过来的，是我先拿到的。"俊杰仍大叫："我要玩。"两个人你不让我，我不让你地争起来。我轻轻地对他们说："你们俩商量一下，想个办法，要不，这样下去谁也玩不起来。"于是亮亮用商量的口气对俊杰说："我先玩，等会儿交换的时候再给你玩，好吗？"俊杰松开拿着大球的手，我以为他同意了亮亮的方法，正想表扬他，没想到他猛地抓起亮亮的胳膊狠狠地咬了一口。亮亮痛得立刻松开了手，哭了起来，俊杰见状立即拿着羊角球准备玩起来。

观察时间	2020年9月8日至2020年9月28日		
幼儿姓名	俊杰	班别	大1班
观察老师	苏建仪		

个案跟踪记录	分析：攻击有两种表现方式，直接攻击和替代性攻击，直接攻击是对欲攻击的对象直接予以侵害。俊杰的表现属于这类，他的攻击意图主要不在于伤害他人，而是得到大球，他的想法非常简单，就是"我咬他，我就能得到大球"。 **镜头三：2020年9月23日** 在玩结构游戏的时候，我提供了丰富的游戏材料，让他与同伴拼搭动物园的各种动物，他玩得很认真，而且不断变化手中的作品。快结束时，俊杰面前的玩具少了，找不到他要的积塑，于是他离开了自己的位置，到邻桌去拿，嘴里还说"借我一块"。到了评价的时候，我请俊杰给大家讲自己的作品是什么。他很自信地说："是熊宝宝，很漂亮的！"我向全体幼儿亮出了他的作品，并表扬了俊杰懂得向别人借玩具，也表扬了借给他玩具的几位幼儿。俊杰体验到了与人合作、对人有礼貌的愉快，并在同伴中树立了好孩子的形象。 分析：我们发现俊杰虽然很调皮、好动，很喜欢打人，但他很喜欢讲故事、听故事。我平时会在自由时间里让他坐在我的旁边给他讲故事，如《三个好朋友》《小红花找朋友》《雷锋的故事》等，并从中引导他要有礼貌，要和小朋友友好相处，懂得爱护公物，做什么事情都要有始有终，做错了事要说"对不起"。虽然他在听的时候似懂非懂，但是在日常生活中有时却也表现得不错。例如，在一次户外活动中看到幼儿园的阿姨在很费力地扫树叶，俊杰就说："要不我去帮阿姨捡树叶吧！"我笑着说："好啊！小雷锋，去捡吧！"他高高兴兴地去了，而且表现得很不错
幼儿个案跟踪的效果	通过一段时间的家园配合训练，俊杰各方面都有明显的进步，我惊异地发现俊杰打人的行为明显减少了，与同伴的关系也开始变得融洽起来了，在游戏中能与同伴友好地玩耍，懂得遵守规则，不随意动手打人，能较好地控制自己的行为。他向同伴伸出的不再是拳头，而是一双合作和友好的手。同伴对他也很认可，经常推荐他当组长，这样不断促使他努力控制自己的不良行为。慢慢地，他不再打架了，在游戏时能与小朋友友好相处，并学会了谦让、有礼貌，每天在幼儿园里都很快乐

广州市白云区鹤龙街中心幼儿园
幼儿个案跟踪记录
——放大镜下的睿睿小故事

观察时间	2020年9月16日至2020年10月20日		
幼儿姓名	睿睿	班别	大一班
观察老师	王佩仪		
跟踪原因	关注幼儿在活动中的表现和反应，敏感地察觉幼儿的需要，及时以适当的方式应答，促进幼儿良好行为的养成		
幼儿情况分析	从孩子的奶奶那里了解到，孩子从小由奶奶一个人照顾。爸爸妈妈已经离婚。孩子在奶奶的这种教育下也渐渐形成了没耐心、爱打人、脾气暴躁等一些不良的行为习惯。随着孩子的成长，爸爸担心孩子的这些不良习惯会影响孩子的成长，希望能在老师的帮助下，改掉这些不良习惯，帮助孩子积极参与活动，形成良好的性格品质		
目标措施	（1）与孩子家长一起帮助睿睿，教会他一些与同伴友好交往的技能技巧。 （2）让家长为他准备一件喜爱的玩具带回幼儿园，满足孩子玩的愿望。 （3）肯定睿睿能够控制自己的行为，赞同他，及时认可他的表现，增强他的自豪感，让他进一步知道自己今后的努力方向		

续 表

观察时间	2020年9月16日至2020年10月20日		
幼儿姓名	睿睿	班别	大一班
观察老师	王佩仪		

个案跟踪记录	**镜头一：2020年9月16日** 上学几天了，睿睿根本没法静静地躺在床上午睡，时常东转西翻，有时还会在床上手舞足蹈。这些小动作直接影响其他小朋友的午睡，听到老师的反馈，我及时制止他。这时，他的表情看起来很难受、很委屈，我把他带到不影响其他幼儿午睡的地方，陪着他说起悄悄话，给他讲故事，他慢慢地安静下来，我告诉他如果再动的话，会影响其他小朋友午睡的。 措施： （1）行动干预。孩子在情绪主动的情况下才能接受意见，因此我采取了讲悄悄话—讲故事—讲道理的策略转变孩子。 （2）语言疏导。我制止睿睿的不良行为后说："睿睿，老师带你到那边说悄悄话，悄悄话只对你说，不要让别的小朋友听到。" **镜头二：2020年9月28日** 班上一位小朋友带来了小汽车玩具，睿睿也想玩，但是由于很多孩子都不愿意和他一起玩，他只好一个人坐在旁边。等了一会儿，他有点等不及了，于是伸出手去抢，结果把小汽车弄坏了。 措施： （1）与爸爸联系，家园合作帮助睿睿，教会他一些与同伴友好交往的技能技巧，如想玩别人的玩具，要征求同伴的意见。 （2）以幼儿做好一件事为由，适当给予孩子合理的奖励。 **镜头三：2020年10月15日** 今天的美工活动中，有许多孩子都在涂画水果篮，睿睿也不例外，他拿了红色、黄色的蜡笔涂，一会儿，红红的大苹果、弯弯的香蕉便出现在眼前，他高兴极了。突然，睿睿听到琳琳的哭声，他走过去说："琳琳，怎么啦？"琳琳用手指了指篮子里的水果，咦，怎么变成烂水果了？原来，琳琳不小心将水果涂成了黑色，就像一个大黑球似的。睿睿看了看自己的水果画，说："不要哭，我把这幅水果画送给你。"看到此景，我的感触很深。记得一个月前，睿睿还是一个以自我为中心、有"独霸权"的孩子，经过一段时间的引导，今天的表现迥然不同，我真为他的进步感到高兴。

观察时间	2020年9月16日至2020年10月20日		
幼儿姓名	睿睿	班别	大一班
观察老师	王佩仪		
个案跟踪记录	措施： （1）以表扬的方式鼓励睿睿帮助同伴。 （2）及时表扬睿睿助人为乐的良好品质，促进其将积极的情感体验迁移到日常生活中		
幼儿个案跟踪的效果	在这几个月里，我们看到了睿睿的进步与变化，他慢慢地改变了霸占自己喜欢玩的玩具、攻击同伴、强烈依赖他人的行为。老师希望他进入小学后能有更大的进步		

下篇

活
动分享

大班社会活动：歪脖子的眼镜兔

广州市白云区江高镇中心幼儿园　黄丽红

一、设计意图

《3～6岁儿童学习与发展指南》中指出，大班幼儿具有书面表达的愿望和初步技能，在写写画画时必须姿势正确。经观察发现，我班幼儿有很多不良的坐姿习惯，因此开展本次活动，让幼儿在日常活动中掌握正确的坐姿、看书姿势和握笔姿势等，养成良好的书写习惯。

二、活动目标

（1）理解故事内容，知道坐姿不正对人体会造成严重的伤害。

（2）掌握正确的坐姿、看书姿势和握笔姿势。

（3）培养幼儿浓厚的书写兴趣，使幼儿养成良好的书写习惯。

三、活动准备

（1）"歪脖子的眼镜兔"图片及课件，坐姿、书写姿势、看书姿势的视频。

（2）学具："谁的姿势正确"，儿歌图字配对《坐姿歌》，模拟练习"我会握笔"。

四、活动过程

（一）观看课件，理解故事内容

（1）出示"歪脖子的眼镜兔"图片，让幼儿观察，引出活动主题。

（2）提问：猜一猜小兔子的脖子是怎样变歪的？它又为啥戴着眼镜呢？

（3）观看课件，理解故事内容。

① 观看课件，理解故事内容，回答以下问题：为什么小兔子脖子变歪还要戴着眼镜呢？（因为小兔子每天不会好好坐，在吃饭、上课、看书、写写画画的时候，都是弯腰驼背、歪着身体的。久而久之，它的脖子就变歪了，还近视戴眼镜了。）

②讨论：歪脖子和近视会给我们带来什么不便之处？我们要怎样预防呢？

③ 小结：小朋友们也正处于身体发育的关键时期，骨骼还没有发育成熟，错误的坐姿会导致骨骼变形，造成驼背、两肩不齐、脊柱弯曲。如果长期看书姿势不正确，也会导致近视，不正确的握笔方法还会影响手指发育，手臂酸痛。正确的握笔姿势是保证大家科学用眼的关键。

（二）学习正确的坐姿、看书姿势和握笔姿势

（1）我会坐

① 观看视频，结合儿歌学习坐姿。

坐姿儿歌

头正肩平挺起胸，

双脚并排脚放平，

身子稍微向前倾，

自然大方坐端正。

② 小朋友模仿视频动作，一边做，一边念儿歌。

③ 小结：正确的坐姿可以帮助养成更加良好的学习习惯，学习起来更加有效率。

（2）我会看书

① 读书也要坐端正，看看小朋友是怎么做的？

②观看视频，学习如何正确看书。

看书姿势儿歌

身正肩平脚并拢，

书本稳稳捧手中。

双眼有神看书本，

还要稍稍往后倾。

（3）我会握笔

①观看视频和图片，结合儿歌学习握笔和书写姿势。

握笔姿势儿歌

老大老二对对齐，

手指之间留缝隙，

老三下面来帮忙，

老四老五往里藏。

书写姿势儿歌

写字姿势很重要，

写字时，脚放平。

头不歪来身坐正，

手离笔尖一寸远，

眼离本子一尺远，

胸离桌子一拳头，

写出字来真好看。

②幼儿练习握笔，提醒幼儿三指和手腕的力量相结合，只有在肌肉放松的情况下，手指才能进行精细动作。

（三）分组练习

组一：判断练习"谁的姿势正确"。

指导：会判断图片内容的对错，掌握正确的姿势。

组二：儿歌图文配对"坐姿歌"。

指导：掌握正确的坐姿，会图文配对。

组三：模拟练习"我会握笔"。

指导：会模拟握笔姿势，进行写写画画。

（四）总结

我们就快成为一名小学生了，需要掌握正确的读写姿势：头正、身直、臂开、脚踩地，眼离书本一尺，胸离桌边一拳，手离笔尖一寸。在吃饭、玩玩具等日常生活活动中，也要注意养成良好的坐姿习惯。

五、活动反思

行为习惯就像我们身上的指南针，指引着每一个人的行动。培养幼儿养成良好的行为习惯，对其一生的影响都很大，不可忽视和放松。在本次活动中，幼儿通过观看故事视频，懂得了不良的坐姿、看书习惯和书写习惯会造成脊椎弯曲及影响视力、手指的发育。幼儿结合儿歌和操作学具练习正确的姿势，活动气氛比较活跃，幼儿参与性较高。

大班社会活动：做个不拖拉的好孩子

广州市白云区江高镇中心幼儿园　湛建霞

一、设计意图

不少成年人会出现拖拉的现象，幼儿也是一样的，而幼儿时期是培养幼儿良好习惯的黄金时期。这个活动主要是通过生动有趣的童话故事和自制的PPT课件，让幼儿懂得珍惜时间的重要性，明白拖拉行为可能造成的后果，从而养成自律的好习惯。

二、活动目标

（1）通过生动有趣的童话故事视频，让幼儿理解故事内容，明白拖拉行为可能造成的后果。

（2）学说对话：不拖拉，时间就是胜利。

（3）懂得珍惜时间，努力养成做事不拖拉的习惯。

三、活动准备

（1）童话故事《寒号鸟》视频。

（2）自制PPT课件。

四、活动过程

（一）看童话故事《寒号鸟》视频

1. 吸引幼儿的兴趣，提出观看要求

师：（教师装出神秘的样子，快闪出示寒号鸟的图片）你们猜一猜今天老师给你们带了一个什么故事呢？

幼：关于鸟的故事。

师：你们的眼睛真厉害，奖励你们看一个很有趣的故事。要认真看，一会儿告诉老师，故事讲了什么。

2. 让幼儿完整观看故事视频

（略）

3. 教师提问

（1）故事里的鸟叫什么名字？（寒号鸟）

（2）寒号鸟做了什么事情？

（3）最后寒号鸟怎么样了？

4. 再次观看故事视频

教师小结：我们要珍惜时间，做事情不能拖拖拉拉、慢慢吞吞，今天要做的事情，不能留到明天做。

（二）教师点击PPT课件

1. 出示消防员救火的图片

提问：发生了什么事？（火灾）如果消防员叔叔拖拖拉拉、慢慢吞吞地救火，会有什么后果？

提问：消防员叔叔怎么做的？他们怎么说？（不拖拉，时间就是胜利）

2. 出示救护车的图片并点击小喇叭

提问：这是什么声音？120救护车去哪里？如果医生拖拖拉拉、慢慢吞吞，可能会发生什么？

提问：医生怎么做的？他们怎么说？（不拖拉，时间就是胜利）

3. 出示农民伯伯播种的图片

提问：春天到了，农民伯伯在干什么？如果不及时会怎样？你猜农民伯伯会怎么说？（不拖拉，时间就是胜利）

4. 再来看看他们是谁？做什么工作？如果拖拉会怎样

陆续出示不同职业的图片让幼儿辨认，引导幼儿说出其工作名称，鼓励幼儿大胆讲述做事拖拉可能造成的后果。

（三）教师小结

师：我想来问问小朋友，你们有做事拖拉的时候吗？

请个别小朋友来说一说。

小结：小朋友，做事情拖拉的后果是非常严重的，老师希望你们从此刻开始，抓住每分每秒，又快又好地做好每一件事，做一个不拖拉、珍惜时间的人。

大班科学活动：一分钟有多长

广州市白云区景泰第二幼儿园　冯雪杏

一、设计思路

　　一次偶然的机会，我听见两个大班的孩子在聊天，其中一个孩子跟小伙伴抱怨说："我妈妈老是在早上上学的时候对我说，如果我不在一分钟之内收拾好东西跟她上幼儿园，今天回家就不给我看动画片。但是，我觉得每次我都很快就跟着她出门了，可我妈妈还说我动作太慢，一分钟早过了。"从这段聊天中可以了解到，时间对孩子们来说是一个比较抽象的概念，它看不见也摸不着。如何让孩子们增强时间观念，改变他们做事拖拉的习惯，提高做事的效率，为他们入小学奠定良好的管理时间基础呢？为此我设计了本次活动，目的是让幼儿通过体验，知道一分钟虽然短，但只要珍惜，也能做很多事情，并逐步懂得做什么事情都必须抓紧时间、珍惜时间。在活动中，我采用观察、比较和操作、亲身体验等教学策略来帮助幼儿感知一分钟到底有多长，让幼儿进一步发现时间的价值与自身的努力有关系的道理。

二、活动目标

　　（1）认识"一分钟"这个抽象的时间概念，感知一分钟有多长。

　　（2）通过观察、操作、统计、分析来体验一分钟的长短，知道时间的价值，初步建立管理时间的意识。

（3）培养做事不拖拉的生活好品质，为进入小学做好自我管理准备。

三、活动准备

（1）时钟课件一份。

（2）PPT课件：生活中的一分钟。

（3）幼儿操作材料若干，如珠子和绳子、画有正方形的彩纸、区域材料纽扣、小油性笔和小纸片若干等。

四、活动过程

（一）导入部分

（1）师幼边念儿歌《阳光成长乐园约定》，边步入活动场地。

师：小朋友，你们还记得我们的约定吗？今天，来到这里的都是阳光宝贝，你们很快就要成为小学生了，希望大家都能遵守阳光成长乐园的约定，争当一名优秀的小学生。

（2）通过游戏"木头人"活跃氛围。

师：今天杏子老师和小朋友一起来玩个"木头人"的游戏。山山山，山上有个木头人，一不许说话，二不许动，三一起来做单脚立。

（3）观看春游小视频。

（4）通过谈话，让幼儿思考"木头人"游戏和观看春游小视频，哪个时间过得快一点。

（5）公布玩木头人和看小视频所花的时间，教师小结：虽然两个活动用的时间都是一分钟，但它们是不一样的事情，所以感觉就会不一样。

（二）认识一分钟

（1）出示时钟，复习巩固对时钟的认识。

师：今天杏子老师给大家带来一个时钟，时钟上有三根针，它们叫什么名字呢？哪根针走一圈表示一秒钟？（秒针）秒针每走一小格就是一秒，走一圈是60秒，也就是一分钟。

（2）观看课件，引导幼儿用眼睛看秒针转动，感受一分钟到底有多长。

（3）启发幼儿思考：一分钟能够做些什么事情？

（三）体验一分钟

（1）观看生活小视频。

（2）挑战一分钟能干什么。

师：一分钟说长不长，说短也不短。我们一起来玩个"和时间赛跑"的游戏吧，挑战可以完成的任务有多少。

（3）介绍游戏材料及玩法：桌子上有一些材料，你们可以扣纽扣、穿珠子、画正方形，老师给你们一分钟时间，你们可以自由选择做什么事，时间到就停下，并且请你们把完成的数量记录在纸片上。

（4）活动前的幼儿猜想：猜猜一分钟，我能完成多少个任务？

（5）幼儿进行一分钟的操作实验，并与同伴分享自己在一分钟里做的事情。

（6）最后，请不同组的幼儿讨论小结：同样的一分钟，为什么每组的结果不一样？

① 虽然时间相同，但每组做的事情不同，有的比较难，有的比较容易，所以结果也不同。

② 有的小朋友在做事时，光看别人，不抓紧时间做自己的事，所以自己完成的任务就少了。不管你做不做事，时间都会不停地走，不抓紧时间就让时间跑掉了。

③ 不按要求和规则做事情的，比如这个小朋友没有沿着虚线画正方形，这几个正方形就不能算进来了。

（7）再次进行游戏，鼓励小朋友挑战自我，设定更高目标，明白一分钟虽然短，但只要珍惜，也能做很多事情的道理。

（四）课后小结

（1）与幼儿谈话，请幼儿思考：当我们成为一名小学生后，每天都会有学习任务，需要自己安排时间去完成，你会如何安排时间去完成呢？

（2）教师小结：时间对每个人都是公平的，动作慢就会浪费很多时间，失去很多玩和游戏的时间，所以我们现在就要学会抓紧时间、珍惜时间，做自己时间的小主人。

五、延伸活动

（1）每天完成《自我服务时间记录表》，学会记录自己对时间的管理。

（2）班级每周开展一次"我是时间管理小主人"的竞赛，激发幼儿养成做事不拖拉的生活好品质，为进入小学做好自我管理准备。

（3）在区角投放操作材料，让幼儿在规定时间内操作，看谁做得又快又好。

六、活动反思

（1）整个活动过程充分体现了数学活动的生活化、游戏化，环节安排合理、层层递进。目标定位和教玩具材料的选择符合幼儿年龄特点及能力水平。教师能仔细、用心观察，发现孩子们生活、学习中存在的问题，然后借助生活中的小故事和游戏情节，并以科学探究的方式引导幼儿亲身去体验—感受—猜想—操作。从发现问题、猜想到动静结合的验证、交流与讨论，让幼儿思维从具体形象自然地向抽象过渡，逐步获得数学感性经验，从而激发了幼儿学习数学的兴趣。幼儿在轻松、愉快的游戏中一步步感受到了时间与动作节奏的关系，玩得十分开心，积极性、主动性得到充分发挥。

（2）活动过程中教师能较好地把握好自己的角色，为幼儿创设一种轻松、愉快的学习环境，有效地引导幼儿参与尝试，支持、鼓励幼儿大胆交流和讨论、发表自己的见解。幼儿在活动中形成一种主动学习和探究的氛围，真正成为活动的主人。

大班社会活动：遵守规则

广州市白云区人和镇蚌湖幼儿园　刘翠兰

一、设计意图

《3～6岁儿童学习与发展指南》中指出：理解规则的意义，能与同伴协商制定游戏和活动规则。俗话说："无规矩不成方圆。"游戏是孩子喜欢的活动，根据幼儿的年龄特点，我们组织开展各种丰富多彩的游戏活动，如"彩虹伞""我是一个木头人""猜一猜"等。小朋友们玩得热火朝天，但有时玩得太兴奋了，会出现不按游戏规则活动的情况，不仅影响了活动的有序开展，也造成了安全隐患。因此有必要将幼儿的游戏活动与规则养成教育相结合，让幼儿在游戏中了解规则，养成按规则游戏的良好习惯。

二、活动目标

（1）知道生活、游戏中有许多规则需要大家一起遵守。
（2）能积极参与集体讨论，共同制定游戏规则，并尝试合作与竞赛。
（3）喜欢游戏，感受由遵守规则带来的快乐情绪。

三、活动重难点

（1）活动重点：自觉遵守游戏规则。
（2）活动难点：合作制定游戏规则。

四、活动准备

（1）创设情境，如马路、方向盘、停车场。

（2）幼儿生活片段录像，有关规则的课件。

五、活动过程

（一）创设情境，幼儿自主游戏并发现问题

1."小司机上马路"游戏导入活动

师：今天我们来做小司机，开着小汽车上马路到公园玩。当音乐一停，请找到停车场把车停放好。

2. 幼儿自主游戏

（略）

3. 幼儿发现问题

师：刚才玩"小司机上马路"游戏的时候，大家遇到了哪些问题？为什么会这样？

（二）合作制定规则，体验遵守规则玩游戏的乐趣

1. 分组制定规则

师：看来我们得想想办法了，怎样才能玩得既开心又安全呢？这个游戏，不仅是大班的小朋友要玩，中班、小班的弟弟妹妹也想来玩，怎样让他们一看就知道怎么玩呢？

（出示操作板）看看这些小图标能不能帮我们的忙？有哪些图标呢？

师：今天我们就来当这个"小司机上马路"的设计师，移一移、摆一摆这些小图标，为弟弟妹妹们制定出完整的游戏规则。我们设计出来的规则要让小朋友可以开车上马路，而且玩得既开心又安全。一组小朋友合作制成一张规则记录板。

2. 尝试根据自己组制定的规则玩游戏，验证规则是否合理

师：哪组先制定好了，就可以把板子送到前面的架子上来。小朋友按照自己组制定的规则玩一玩，检验一下你们制定的规则是否合理。

3. 介绍规则并再次游戏

师：都试过了吗？我们来看看大家都制定了哪些规则。谁来介绍一下？

4. 小结

我们每组小朋友都制定出了不同的游戏规则，但都有共同的地方：原来"小司机"们都要看信号灯开车，那我们就按照其中一组小朋友制定的规则，大家一起玩一玩。

师：这次玩的感觉怎么样？有什么好的建议吗？相信中班、小班的弟弟妹妹按照我们制定的规则来玩，也能玩得既开心又安全。

（三）情境游戏体验，拓展生活中的规则

1. 观看生活片段录像

师：玩游戏要遵守规则，其实生活中处处都有规则。请小朋友看看哪些人遵守了规则，哪些人没有遵守规则？

师：除了刚才看到的，你还知道做什么事的时候需要遵守规则？（上下楼梯、乘公交车、购物）

2. 课件操作游戏

师：请大家在电脑上操作判断对与错。

3. 体验生活中的规则

师：看，进地铁站了，我们要排队进站和上车哦！（小朋友真是文明的小乘客）

师：到哪儿啦？（电影院）

师：我们今天就来看场电影吧！我要给大家发电影票了。介绍一下你是几号座，看来大家都已经对号入座了，电影马上就要开始了。

六、活动反思

在活动导入部分，教师创设了"小司机上马路"的游戏，引导幼儿在玩游戏的过程中发现问题，并在合作探索中解决问题；通过观看课件的方式让幼儿巩固对生活中的规则的了解与掌握，再次增强了幼儿小组合作意识。情境巧创设中，幼儿在玩中发现问题、解决问题，他们体验到了遵守规则带来的成功体验和快乐情绪。能否在日常生活中坚持遵守规则呢？检验的最好办法是回到生活。教师创设了乘公交车、过马路、看电影等生活情境，让孩子在情境中巩固，在巩固中深化，在深化中收获快乐。

规则意识的形成不是一朝一夕的，它需要长期、反复引导。幼儿阶段是社会性和各种能力迅速发展的阶段，在幼儿期对他们进行学习能力以及规则意识的培养，将会促进幼儿的终身发展。规则是保证幼儿愉快生活、交往、学习的前提，因此对大班幼儿进行执行规则能力的培养具有非常重要的意义。

大班社会活动：做文明礼貌的好孩子

广州市白云区京溪艺术幼儿园　田芳

一、设计意图

众所周知，中国历来就有"礼仪之邦"的美誉，讲文明、懂礼貌是弘扬民族文化、展示民族精神的主要途径。但是，随着社会的发展，我们在否定传统弊端的同时，也丢掉了一些传统美德。作为祖国未来的好孩子，除了具备会思考、会学习、接受信息快等素质外，也滋长了一些作为独生子女而引发的不良习气，如不懂尊重父母、长辈，与人交往不懂谦让，不讲礼貌，公共场所不讲秩序等，养成了唯我独尊的品性。许多研究都证明，幼儿期是接受品德教育、良好行为培养的最佳时期。因此，我设计了大班社会活动"做文明礼貌的好孩子"，通过生动形象的电影故事，让幼儿懂得不尊重他人的行为是不对的，增强他们讲文明、懂礼貌的意识，让他们通过社会活动学习做一个讲文明、懂礼貌的好孩子。

二、活动目标

（1）通过故事学习正确与人交往的方法，懂得初步的交往礼仪。（重难点）

（2）利用不同情境增强幼儿讲文明、懂礼貌的意识。

（3）在活动中培养幼儿观察、分析和探索的能力。

三、活动准备

（1）电影《粗鲁的小老鼠》。

（2）小老鼠、蜗牛、小鱼、小猪头饰各一个。

（3）幼儿行为（包括文明的和不文明的）图片若干，即时贴做的哭脸、笑脸人手一个。

四、活动过程

（一）播放儿歌《小老鼠》

师幼跟随儿歌的节奏，做身体律动进入活动室，引发幼儿参与活动的兴趣。

师：儿歌中说的是谁？（小老鼠、小猫）小老鼠平时喜欢干什么？（偷吃别人的东西；挖别人的墙脚……）小老鼠见了猫会怎样？（会害怕，然后逃跑，是个胆小的家伙）

（二）创设情境一"乐享电影院"，了解故事内容

（1）师：一般的小老鼠都比较胆小，听到有动静就赶快逃跑。可是有一只小老鼠可不是这样，它总觉得自己了不起，结果吃到了苦头。我们一起来看看这只小老鼠身上到底发生了什么故事。

（2）师：电影看完了，电影中的小老鼠是什么样的？（自以为了不起，说话粗鲁，对别人很不礼貌）

（3）师：小老鼠是怎么对蜗牛的？（凶巴巴地让蜗牛滚开，并一脚把蜗牛踢得很远）

（4）师：小老鼠对河里的小鱼做了什么？（用石头扔小鱼，把小鱼吓跑了）

（5）师：小老鼠后来碰到了谁？（小猪）小老鼠的脚怎么肿起来了？（小老鼠踢到了硬硬的猪蹄上）

（6）师：小老鼠为什么低下了头？（小老鼠知道自己对别人不礼貌，结果吃到了苦头，觉得自己做错了）

（7）师小结：小老鼠自以为了不起，说话粗鲁，对人很没礼貌，最后得到了教训。

（三）创设情境二"乐享小剧场"，引导幼儿探索正确与人交往的方式

（1）教师依次请出蜗牛、小鱼和小猪，让幼儿根据教师提问进行情境表演，引导幼儿探索正确与人交往的方式。

引导语：小朋友们，你们有过对别人不礼貌的行为吗？如果你是小老鼠，你会怎样有礼貌地对待蜗牛、小鱼和小猪？

情境表演一：你碰到正在慢慢爬行的蜗牛，应该怎么做？（可以这样说："对不起，请让一下可以吗？我想先过去。"）

情境表演二：你想喝水时，遇到有小鱼在游泳怎么说比较好？（这样说比较好："小鱼，你好！我口渴想喝水，你能等我喝完水再过来游泳吗？"）

情境表演三：小猪睡觉挡住了你的去路，你该怎么办？（先叫醒小猪，然后对它说："打扰一下，小猪，你睡在这里可不好，别人过路会不小心踩到你的，你还是换个地方睡吧！"）

情境表演四：如果小老鼠很有礼貌地对待别人，那它的脚会不会受伤？（不会，你不去伤害别人，别人也不会伤害你）

（2）师小结：在生活中，我们一起做个讲文明、懂礼貌的好孩子，不要瞧不起别人，要学会谦让；别人有困难时要出手相助；和朋友要友好相处……

（四）创设情境三"乐享游戏吧"，增强幼儿讲文明、懂礼貌的意识

（1）师：小朋友都是讲文明、懂礼貌的好孩子，让我们一起来玩个跟讲文明、懂礼貌有关的游戏吧，看看谁最棒。

（2）游戏规则：将幼儿分成五组，每组四人，五组依次进行。教师出示图片，请幼儿判断对错，对的在图片上贴笑脸，不对的贴哭脸。

（五）总结

小朋友们要从小学习文明礼仪，和别人说话时要轻声细语，不要说脏话、粗话，做人要谦虚，可不要像小老鼠那样，自以为了不起，最后吃了亏才后悔。只有懂得尊重别人的人，才能得到别人的尊重，一定要做一个讲文明、懂礼貌的好孩子。

（六）延伸

家长可以邀请朋友或同事来家里做客，让幼儿学习待客的文明礼仪。

五、活动反思

本次活动中，教师通过组织幼儿观看生动形象的电影，让幼儿懂得电影故事中小老鼠的做法是错误的，通过故事游戏互动，让幼儿在游戏体验中懂得做一个讲文明、懂礼貌的人。同时，在进行角色扮演的过程中，幼儿的观察力、想象力和表现力被激发，如他们在扮演小老鼠看到小鱼时，会想到友好地和小鱼握手，这说明他们对平时生活的观察是很细致的，也懂得基本的交往礼仪。在整个教学过程中，教师一直扮演合作者、支持者和引导者的角色，和幼儿共同完成整个活动过程，同时又引导幼儿从活动中得到启发，达成了整个教育活动的目标。

大班健康活动：爱护眼睛

广州市白云区江高镇中心幼儿园　李见友

一、设计意图

现在的社会发展越来越快，高新科技越来越多，幼儿接触电子产品的机会越来越多，时间越来越长，经常有家长向我们反映，幼儿在家时经常长时间、近距离地看电视、看手机，对眼睛的伤害越来越大。虽然小朋友都知道要爱护眼睛，但这种种现象说明，大多数幼儿在实际生活当中并不能自觉地保护眼睛。所以，我设计了这个课程。在这个课程中采用了游戏教学法，通过摸摸猜猜的方式吸引了幼儿的注意力，幼儿很快就了解了眼睛的重要性。另外，我还增加了幼儿看录像的环节，在这个环节中，幼儿通过观察和比较，学会正确的看书、写字的方法，避免了在以后的生活中采用不正确的做法。

二、活动目标

（1）懂得正确的用眼方法。

（2）培养幼儿看书、看电视、看手机的正确姿势。

（3）懂得保护眼睛的重要性，掌握更多保护眼睛的知识。

三、活动准备

（1）特征比较明显的几种物体（如皮球、汽车等）。

（2）蒙眼睛的布条若干。

（3）故事情境表演的场地（大树、石头、终点站的彩带、奖杯）。

四、活动过程

（一）猜谜语，激发幼儿兴趣

教师：小朋友，今天老师给你们带来了一个谜语，请小朋友帮忙猜一猜：上边毛，下边毛，中间夹颗黑葡萄。

幼儿：眼睛。

（二）游戏"盲人说颜色"

教师：今天，老师请小朋友玩一个游戏，游戏的名字叫作"盲人说颜色"，小朋友们都知道，盲人的眼睛是怎么样的？

幼儿：看不见东西。

教师：老师请小朋友先用布把眼睛蒙上，然后我们再玩游戏。

让幼儿用布条蒙上眼睛，请小朋友出来玩游戏。（体会眼睛的作用）

教师提问：

（1）用手摸一摸，凭感觉猜一猜，物体是什么形状？

（2）物体是什么颜色？

教师小结：我们用手能感觉出形状，但是不能感觉出颜色，只有眼睛才能看见周围的东西和美丽的色彩。

（三）情境表演：跑步比赛

请出班上的副班老师（没有戴眼镜）和生活老师（戴眼镜）进行情境表演：跑步比赛。

情境表演：副班杨老师（没有戴眼镜）和生活胡老师（戴眼镜）在赛跑，在跑步的过程中，生活老师的眼镜掉了，看不见路，碰到石头，撞在树上，摔伤了头。最后副班杨老师取得了冠军。

幼儿讨论：胡老师为什么没有取得冠军？（眼镜掉了，看不清楚道路）

教师总结：要保护眼睛，眼睛坏了，就要戴眼镜，戴眼镜活动很不方便。

（四）幼儿讨论：如何爱护眼睛

教师总结：不躺着看书，不离电视太近，不玩手机和平板电脑，读书写字要坐正，不用脏手擦眼睛，不在光线弱的地方看书，经常做眼保健操。

（五）教幼儿一套简单的眼保健操

（教师自编眼保健操）一二三，摸眉毛，四五六，揉一揉，七八九，换个地方再揉揉。

（六）律动"爱笑的眼睛"

教师放音乐，幼儿听音乐做律动，结束活动。

五、活动延伸

（1）将自编眼保健操作为一日活动中的常规活动，每次洗手后做一做。

（2）幼儿将眼保健操设计图带回家，提醒自己和家长不忘保护视力。

六、活动反思

本次活动通过游戏的形式，让幼儿亲身体验了解了眼睛的作用，感受到了保护眼睛的重要意义，并初步掌握了简单的自我保护眼睛的方法。

大班社会活动：我们做得好

广州市白云区人和镇中心幼儿园　陈柳方

一、设计意图

孩子们进入大班后，去参观了小学，他们初步了解了小学的学习生活，并产生了浓厚的兴趣。回来后孩子们都迫不及待地画出了"我心中的小学"，同伴之间经常会讨论有关小学的事情，在家也会向哥哥姐姐了解小学的生活。为了满足孩子们的好奇心，帮助他们更多地了解有关小学的知识，我设计了本次社会活动，目的是让孩子进一步了解小学的生活、学习等情况，以便更快更好地适应小学生活。

二、活动目标

（1）能以小组合作的方式讨论幼儿园一日生活、学习、游戏、运动等活动。

（2）了解小学的生活、学习情况，懂得要遵守社会行为规则。

（3）通过评比竞赛活动，培养幼儿养成良好的行为习惯。

三、活动重难点

（1）活动重点：了解小学的学习、生活情况，懂得遵守社会行为规则。

（2）活动难点：自觉养成良好的行为习惯。

四、活动准备

（1）活动前组织幼儿参观小学，了解小学生日常生活、学习、游戏、运动所必须遵守的社会行为规则。

（2）准备活动所需的笔、纸等。

（3）小学生日常生活的视频。

五、活动过程

（一）回忆参观小学的情景，谈话导入活动

（1）参观小学的时候，你印象最深的是什么？

（2）你看到哥哥姐姐是怎样上课的？（上课要专心，不能随意插话，回答问题要举手，上下楼梯要排好队，等等）

（3）教师小结：学校是很有秩序的，学生要遵守规则。

（4）播放视频，观看小学生在饭堂打饭的情景。提问：他们是怎样去吃饭的？（吃饭时要排队打饭，按照指定的位置坐）

（5）讨论：为什么要有良好的习惯？教师总结：在生活中，我们要遵守各种规则，这样做事情才不会乱。

（二）教师与幼儿共同制定班级的规则

（1）教师：小朋友在幼儿园是怎样遵守规则的？幼儿自由讨论，引导幼儿回顾在园的一日生活中应该遵守的规则。（引导幼儿从收拾书包、整理图书、做游戏、参加体育运动、爱护公物和遵守卫生规范等方面进行阐述）

（2）分组进行表征活动。每组幼儿根据自选的内容进一步展开讨论，并分工合作以绘画表征的形式记录讨论结果。

（3）全班交流活动。每组派代表在全班进行交流活动，教师以分类统计的方式记录幼儿的发言，帮助幼儿梳理已有的经验。（引导幼儿思考什么是适宜行为，什么是不适宜行为，进一步帮助幼儿明确在幼儿园的一日活动中应遵守的规则）

（三）幼儿开展比赛活动：我们做得好

引导幼儿通过比赛的形式学习整理书包和区域玩具。

（1）教师：现在，我们一起来看看我们的书包应该怎么整理才更好。看谁收拾得又快又整齐。

（2）分组比赛整理班上的区域玩具。

（3）教师小结比赛的情况，并为获胜的幼儿颁奖。

六、活动延伸

结合日常生活，将这些规则渗透到幼儿的一日生活中，让他们不知不觉地养成良好的习惯。教师根据幼儿的现状，不断调整修订幼儿行为规则要求。

七、活动反思

幼儿由于已经有过参观小学和日常生活的经验，所以在讨论中能大胆地说出自己对规则的看法。在共同制定规则环节，幼儿能根据自己的认知开展热烈的讨论，参与性很强，基本能表达清晰。在比赛整理书包和玩具环节，幼儿能按照要求分类和收拾整理，且动作很快，但教师的指导还需更细致。在以后的教学中要更加重视幼儿日常生活中出现的不良行为问题，及时发现并帮助幼儿养成良好的习惯。

大班社会活动：我会遵守规则

广州市白云区人和镇中心幼儿园　苏建仪

一、设计意图

我班幼儿非常活泼与好动，往往不分场合地过度活跃，不懂得控制自己的行为，表现得十分随意，时常给他人带来一些不好的印象。由于现在的幼儿大多数是独生子女，家长望子成龙，将教育孩子的重心放在发展智力、培养技能上，忽略了对孩子良好行为的教育。久而久之，幼儿就表现出缺乏自制力、行为自由散漫、行为霸道、不能克制自己等不良行为，因此培养大班幼儿的规则意识与执行规则意识的能力是非常有必要的。

二、活动目标

（1）了解生活中的规则，知道遵守规则的重要性。

（2）体验规则给活动带来的好处，乐意遵守规则。

（3）遵守社会行为规则，不做禁止的事，激发幼儿争做遵守规则的好宝宝的良好情感。

三、活动重难点

（1）活动重点：让幼儿懂得生活中需要遵守一定的规则及遵守规则的重要性。

（2）活动难点：学会自己建立规则并遵守。

四、活动准备

（1）教学课件（用餐、走楼梯），PPT。

（2）3个圈圈、标记图、禁止标记。

五、活动过程

（一）判断他人是否遵守规则

（1）播放幼儿用餐过程的一段录像。

今天，苏老师给大家带来了一段小朋友们用餐时的录像，要请我们的小朋友仔细看一看，录像里哪些小朋友做得很棒，哪些小朋友没有遵守规则？

（2）幼儿认真观看，画面定格在六张图片上。

（二）观看录像后进行讨论

（1）这六张照片中的小朋友，你们觉得有几张是遵守规则的？有几张是不遵守规则的？根据幼儿回答情况来进行比较说明。

（2）小结：看来用餐时要遵守用餐规则，饭前要洗手，吃饭时做到安静用餐，不挑食，保持桌面干净，饭后要擦嘴巴，还要把桌子擦干净。

（三）解决规则问题：如何走楼梯

在生活中苏老师发现了走楼梯的一个问题，请你们看一看。

（1）观看录像，幼儿在上下楼梯时发生了碰撞。

①刚才小朋友在走楼梯的时候发生了什么？为什么会撞在一起呢？

②小结：走楼梯的时候没有遵循规则，乱跑，上上下下的，就撞在了一起。

③幼儿自由回答、讨论，找出解决问题的方法。

（2）观看幼儿示范走楼梯的录像。

走楼梯的时候，要靠右走。我们来看看，这个小朋友要上楼梯啦，他是背对着我们的，他伸出了右手，上楼梯靠右走；他转弯了，面对我们了，准备下来啦，应该走哪边呀？原来上下楼梯都要遵守靠右走的规则。

（3）观看正确上下楼梯的录像。

（4）教师小结。

（四）钻圈游戏

（1）幼儿玩钻圈游戏，发现问题。

用钻圈的方法三个山洞都钻到，苏老师的铃鼓响的时候，就算三个山洞没有钻完的小朋友，也请你快快回到自己的座位上。

（2）幼儿学会建立规则。

刚才你们在钻山洞的时候有没有遇到什么问题？如果你们希望所有的小伙伴都能够有秩序地钻山洞，那么我们可以建立哪些规则呢？（排队，教师出示规则卡，并贴上排队的标记，圈圈也要一个接一个，排好队）

（3）按照建立好的规则，幼儿重新玩游戏。

这个规则，你们看清楚了吗？那我们按照这个规则再玩一次。提醒幼儿先排队，钻好的幼儿回到座位上给同伴加油。

（4）小结：我们钻山洞的游戏顺利完成了，原来我们的体育游戏里也有那么多规则要遵守，建立了规则，就能有秩序、安全地玩游戏了。

（五）传话游戏

（1）讲解传话游戏规则。

今天，苏老师要请你们来玩一个需要人人都遵守规则的游戏，今天要玩的是传话游戏，仔细听清楚规则。

（2）幼儿玩传话游戏。

（3）教师小结：生活处处有规则，大家一起来遵守。（播放PPT）

（六）幼儿谈谈生活中还有哪里有规则

我们的生活中充满了规则，这些规则，你们到底知道多少呢？我来考考大家。（出示禁止标记，并请幼儿来说一说他们自己知道的规则）

总结：小朋友们知道的规则小知识真多，真棒！生活中很多事情都要有规则，我们小朋友在幼儿园、公共场所、电影院、商场等都要遵守规则，原来规则这么重要，能带来安全、安心，让我们开心地生活，让我们从现在开始就做一个自觉遵守规则的孩子吧！

六、活动反思

整个活动，幼儿的参与性都很高，也很积极认真地与我互动，通过观看录像、讨论和玩游戏，幼儿亲身体验了遵守规则的重要性。幼儿规则意识的形成是一个持续的过程，不可能通过一次活动就实现。通过本次活动的开展，大部分幼儿已经懂得了遵守规则的重要性，并学会遵守规则，达到了预设的教学目标。在日常的生活中，我们还会继续对幼儿进行规则意识的培养，逐步让每个幼儿养成遵守规则的好习惯。

大班生活活动：喝水操作台

广州市白云区华师附中实验幼儿园　周冠苏　张丽婷

一、设计意图

《广东省幼儿园一日生活指引（试行）》根据幼儿活动的属性，把幼儿园一日活动划分为四种类型：生活活动、体育活动、自主游戏活动和学习活动。其中，生活环节对幼儿的成长发展具有非常重要的意义，同时也呼唤着教育行为的产生和相伴。

由于园内人事调动，大一班的老师都是新接手的（小班和中班上学期都是相同的三位老师，中班下学期后开始陆续换老师，大班时三位老师都是新接手的），幼儿的日常常规比较松散，各方面的常规意识比较薄弱，日常的学习和活动参与都不主动，习惯养成比较差。

教师通过观察发现，班级幼儿在喝水方面存在以下问题：①主动喝水的意识淡薄、规则意识欠缺；②喝水时喜欢边喝边聊，存在应付的现象；③不能根据自己的身体需要喝水，喝水过量或过少。根据幼儿的这种情况，我设计了本次活动。

二、活动目标

（1）制定并愿意遵守喝水的基本规则。

（2）知道喝水对身体健康的重要性。

（3）用画画的方式制定规则。

三、活动准备

（1）摄录自然状态下幼儿喝水的场景与表现。

（2）4开图画纸，水彩笔若干。

四、活动重难点

（1）活动重点：知道喝水对身体健康的重要性。

（2）活动难点：学会通过画画的方式进行规则的表述。

五、活动过程

（一）导入

教师：今天老师带来了一些视频，想和我们班的小朋友一起分享。

（二）观察及讨论视频中的喝水现象

播放幼儿喝水的录像，请幼儿观察、讨论，你是怎么喝水的？其他小朋友是怎么喝水的？

（三）分组讨论

让幼儿围绕视频中的现象进行讨论与辨析。

提问：视频中的做法哪些是正确的？哪些是不正确的？

（四）师生共同制定喝水规则

（1）教师带领幼儿在讨论的基础上总结喝水规则，如喝水的人数、取放水杯及接水的方法、喝水时机等。

师：小朋友们，既然我们喝水存在那么多问题，那我们需要怎么做？我们应该怎么喝水？

（2）指导幼儿将喝水的基本规则用文字加图画的形式表现出来。

（3）将完成的喝水规则张贴到教室合适的位置，如杯架上方。

（五）活动延伸

（1）设立小组长，轮流进行监督。

（2）活动中的方法延伸到其他的日常常规和学习行为中。

六、活动反思

本次活动目标达成度较高，孩子能通过观看视频发现喝水这个生活环节中的问题所在，并能在老师的引导下主动讨论并共同制定一定的喝水规则和监督措施。

在教师的指导下，幼儿将喝水的基本规则用文字、图画的形式表现出来，每个幼儿不同的具有建设性的意见都可以组成本班的喝水规则，并将最后的喝水规则张贴在喝水区，方便幼儿查看及帮助幼儿生活自理，养成健康的生活规则和习惯。

延伸活动中设立小组长，轮流进行监督，让孩子感受到自己的责任，更能规范本身的行为，并且加强了心理荣誉感和班级使命感。

活动中的方法延伸到其他的日常常规和学习行为中，让幼儿学会举一反三，便于幼小衔接工作的开展。

大班社会活动：这样做好吗

广州市黄埔区育蕾幼儿园　曾向花

一、设计意图

班上一些小朋友经常会有一些不遵守班级文明公约的行为习惯，不仅影响幼儿自身，也对其他小朋友造成了严重的消极示范影响。如何帮助不遵守规则的幼儿改正不良习惯？如何使这些不好的行为习惯不影响具有良好行为习惯的幼儿？这些问题引发了我们的思考。

大班幼儿具有较好的自我意识和管理能力，对于事情也有了自己的看法，对身边发生的事情能明辨是非。大班幼儿的小组意识和集体意识有了明显的改善，愿意为小组和集体荣誉而努力。因此，我们针对班上个别幼儿不会在过渡环节回位等待的现状设计了该活动，以期巩固幼儿明辨是非的规则意识，促进幼儿的自我管理能力。

二、活动目标

（1）学习明辨行为好坏及其所产生的影响，探讨改变不良行为的方法。

（2）小组讨论、分工、合作，将各种行为的影响记录下来。

（3）关心集体，形成小组及班级和集体的归属感，体验帮助同伴改正缺点的成就感。

三、活动准备

白纸、油性笔。

四、活动过程

（一）谈话导入，引发思考

教师：午餐前，佳佳不能遵守我们安静等待的约定，一直大声吵闹，还把椅子弄得咯吱响，椅子都快坏了。大家觉得他这样做好吗？

过渡：他的行为到底哪里不好呢？我们今天一起来讨论讨论，帮帮他吧！

（二）自由讨论，记录影响

教师：大家都觉得他这样做不好！那么他这样做会有哪些不好的影响呢？请大家小组讨论，讨论后在每个组的记录纸上画出来，需要文字记录可以向老师求助。

幼儿分小组自由讨论，分工记录小组讨论的结果。

（三）分享结论，明辨危害

教师：请每个小组派一个代表来分享自己的讨论结果。

师幼小结：刚刚大家都发现了餐前大声吵闹的不好影响，看来这样做真的很不好哦。

过渡：我们一起来想想办法帮助他吧！

（四）思考方法，助力进步

教师：佳佳喜欢这么做，我们该怎么帮助他呢？

幼儿思考、讨论、分享方法。

师幼小结：刚刚大家想到了很多帮助佳佳在餐前不大声吵闹、安静等待的方法。佳佳，你学会这些方法了吗？提出帮助佳佳学习管好自己的小朋友可要说到做到哦！

（五）延伸活动

引导幼儿在美工区将帮助吵闹幼儿改变行为习惯的方法记录下来，并张贴在墙上，提醒需要提醒的幼儿。

五、活动反思

这次活动主要以班级常规中幼儿的具体问题为契机，引导幼儿通过自由讨论问题影响，认识到不遵守班级规则对自己、小组及全体幼儿的影响，让他们在分析利弊中明辨是非，明白遵守规则的重要性。让幼儿讨论如何遵守规则，既强化了他们遵守规则的意识和方法，也培养了他们的助人意识和宽容看待他人的社会品质。

大班综合领域活动：收纳小达人

广州市海珠区海鸥幼儿园　曾庆丹

一、设计意图

为更好地开展幼小衔接课程，培养幼儿良好自主整理的习惯，提升幼儿自我服务的能力，帮助幼儿更好地适应一年级的生活、学习，本活动通过游戏的形式，关注幼儿自主整理收纳能力的培养，以大班幼儿自主整理收纳过程中的困惑为切入点，帮助幼儿找到自主整理收纳的方法。希望整理收纳的意识能陪伴幼儿终生，成为让幼儿受益的教育价值。

二、活动目标

（1）激发幼儿自主整理收纳的意识，寓教于活动中，让幼儿体会与同伴合作的快乐。

（2）初步掌握整理物品的一些基本方法或原则。

（3）能够通过分类、归纳、改变物品形态等方法进行收纳整理。

三、活动重难点

（1）活动重点：掌握整理物品的一些基本方法或原则。

（2）活动难点：能够通过分类、归纳、改变物品形态等方法进行收纳整理。

四、活动准备

（1）电子资源：收纳达人的图片和视频。

（2）实物资源：各种生活物品、纸皮箱、双面胶等。

五、活动过程

（一）情境导入

（1）激发兴趣。

师：（出示图片）今天快递公司遇到大麻烦，物品太多，快递箱不够，时间紧急，希望请小朋友帮忙收纳整理装箱。

（2）出示四个纸皮箱以及各种生活物品，请幼儿观察。

师：这里有些什么物品？它们是什么样子的？

师：你觉得能将它们都装进纸箱里吗？

（二）提出问题

将幼儿分成四组，规定一分钟内合作整理物品。

师：你们能在规定时间内完成吗？

师：整理过程中你们遇到了什么困难？还有多少物品未装进纸箱？

师：有什么办法解决纸箱不够装的问题？

（三）收集信息

师：请大家看看这些物品有什么不一样？（引导幼儿从物品的大小、材质、形状、硬度和作用等方面进行比较）

（四）设计方案

（1）幼儿分组讨论方法，并用记录表做初步整理计划。

（2）分组介绍整理收纳的计划方案。

（五）解决问题

（1）根据设计方案，第二次小组合作整理，规定时间一分钟。

师：这次你们遇到了什么问题？除了将物品分类，整齐有序摆放外，还有什么方法吗？

（2）分组讨论，调整设计整理方案。

（3）第三次小组合作整理，规定时间一分钟。

师：有装箱成功的小组吗？你们是用什么方法完成的，是按照计划成功装箱的吗？

（六）评价反思

（1）师：请小朋友说一说，今天的任务中最难的是什么？你是怎么解决这个难题的？有什么更好的方法分享给大家？

（2）观看《收纳小达人》视频。

小结：收纳整理是一种良好的习惯，能够帮助我们在日常生活中节省时间、节省空间，收纳整理还有很多方法，小朋友可以自己多探索发现，再来和小伙伴分享。

（七）活动延伸

师：我们很快要升入小学，学具和课本会越来越多，请小朋友回家和爸爸妈妈一起探讨文具盒、书包、学习桌的整理收纳方法。

六、活动反思

本次活动以收纳整理为目标，通过游戏的形式激发幼儿学习的兴趣，以PBL教学模式为指引，围绕幼儿的关注点、兴奋点，通过提出问题、设计方案、探索操作、检验方案、解决问题等流程推进幼儿学习，保证探索活动有效顺利地进行。

在活动中，幼儿表现出积极主动的学习状态，对于问题的提出和解决都能积极思考，通过小组的形式培养合作的意识，增进了社会性发展。孩子在学习中需要感受成功，尤其是在探索性学习中，由于孩子在活动完成过程中有较强的主动性付出，因此更愿意把自己的探索成果和新发现公布于众。对此，教师要及时给予肯定与表扬，并提供尽可能丰富的展示机会与平台。

大班音乐活动：牙牙的舞

广州市白云区鹤龙街中心幼儿园　王佩仪

一、设计意图

记得小时候换牙酸酸疼疼的感觉，也记得掉牙后说话发音不正的难为情，这些都是我们童年甜蜜有趣回忆的组成部分。在人的一生中仅有一次换牙的机会，大多数人会在6～7岁时换牙，这正是大班孩子换牙的时间，因此，我们选择在这个时候与幼儿一起讨论换牙的经验，让他们知道保护牙齿的方法，养成保护牙齿的习惯。我们可以和幼儿一起统计自己掉的牙齿，观察掉牙的情形，并且收集和记录掉下的牙齿，了解世界上不同国家文化中有关掉牙的传说与处理掉牙的不同习俗。通过一连串有趣的活动，我们将帮助幼儿自然地接受换牙的过程，对生命的成长有正向的认识和期待。

本次活动旨在通过蛀牙形成过程图，让幼儿探索用各种肢体动作创造性地表现蛀牙形成和掉落的过程，协调地跟随音乐节奏开展游戏，尝试用不同的方式想象并表现舞蹈的内容，体验合作游戏的快乐。

二、活动目标

（1）学习看图理解蛀牙形成的过程，探索用各种肢体动作创造性地表现蛀牙形成和掉落的过程，协调地跟随音乐节奏开展游戏。

（2）尝试用不同的方式想象并表现舞蹈的内容。

（3）在师幼合作、同伴合作中，体验探索合作的快乐。

（4）活动中让幼儿建立和谐平等的合作关系。

三、活动重难点

（1）活动重点：学习看图理解蛀牙形成的过程，探索用各种肢体动作创造性地表现蛀牙形成和掉落的过程，协调地跟随音乐节奏开展游戏。

（2）活动难点：尝试用不同的方式想象并表现舞蹈的内容。

四、活动准备

（1）教学电子资源：《牙牙的舞》。

（2）乐曲：《挪威舞曲》。

（3）蛀牙形成过程图。

（4）手指游戏和集体游戏玩法。

（5）音乐：《我的身体都会响》。

五、活动过程

（一）准备部分

（1）进场：播放《我的身体都会响》。

教师带领幼儿听音乐做动作进入活动室。

（2）问好、练声。

师生问好！

用自然的声音、轻快的节奏演唱歌曲《五更调》。

（二）基本部分

（1）问题导入：设疑激趣。

师：你们知道蛀牙是怎么长出来的吗？

师：虫子是怎么一点一点把我们白白的牙齿蛀成黑色，最后掉下来的呢？我们一起来看一看。

（2）出示蛀牙形成过程的图片，请幼儿讨论蛀牙形成及掉落的过程。

这些图上画了什么？

牙齿是怎样一点一点被蛀虫破坏，最后掉落的？

（3）请幼儿倾听乐曲《挪威舞曲》，引导他们用双手做手指游戏，表现蛀牙形成和掉落的过程。

① 和幼儿讨论游戏里手指的具体动作。

用我们的一只手当作牙齿，另一只手的一根手指头当作蛀虫，怎么来表现牙齿被蛀的过程呢？

看看这五幅图片，怎么在音乐的伴奏下表演这个过程呢？

② 和幼儿讨论如何配合音乐做手指游戏。

听到什么的时候表示牙齿在吃糖？什么时候表示蛀虫出来了？什么时候蛀虫在破坏牙齿？什么时候牙齿疼痛松动？什么时候牙齿掉了？

（教师借助图片，先分解再连贯地引导幼儿跟着音乐有节奏地创编动作）

（4）请幼儿跟随音乐一起玩手指游戏，提醒幼儿集体进行投入的表演。

（5）再请幼儿倾听音乐，讨论如何将手指舞蹈转变成集体游戏。

① 和幼儿讨论游戏的角色分配。

如果大家一起玩这个牙齿舞蹈游戏，应该怎么玩呢？

这个游戏里需要几个角色？

谁愿意当糖果？谁愿意当蛀虫？谁愿意当牙齿？

② 和幼儿讨论各角色如何在音乐的不同时段做不同动作。

牙齿吃糖果时，应该做什么动作？蛀虫出来后做什么动作？

蛀虫破坏牙齿时做什么动作？牙齿疼痛松动时做什么动作？

最后牙齿掉落了做什么动作？其他角色做什么动作？

分组方式：将幼儿分成三组（分别扮演糖果、蛀虫、牙齿）。

A段音乐——牙齿正在吃糖果（扮演牙齿的幼儿围成椭圆形，一起做吃的动作；扮演糖果的幼儿在"牙齿"中间做被吃的动作）。

间奏——蛀虫出来了。

B段［1］至［8］小节——"蛀虫"做敲打、钻洞的动作。

B段［9］至［15］小节——"牙齿"做松动、疼痛的动作。

B段［16］小节——牙掉了。

（6）教师带领幼儿一起玩集体韵律游戏。

（三）结束部分

讨论：平时应该怎样保护牙齿？（请幼儿回答）

六、活动反思

本次活动结合我班幼儿的实际情况及大班幼儿的年龄特点进行设计，幼儿的音乐活动常规良好。活动动静结合，通过手指游戏、集体游戏，逐步激发幼儿的学习兴趣以及对音乐的表现力，让幼儿在活动中愉快地学习，活动目标基本达成。

整个活动整体流畅，但仍然有些问题需要反思和改进：这是个节奏游戏，在活动中没有重点引导幼儿进行节奏学习，幼儿对节奏的掌握度不够；分解动作学习方面没有注意到，集体游戏前应该先创编，然后进行动作小结，并引导幼儿学习，再进行游戏；集体游戏时，安全问题需要注意，蛀虫出现部分，孩子们挤到一起，容易发生安全事故；集体游戏的规则和要求没有讲解清楚，各角色应该轮流上场，这样秩序会好一些。